The Deals of Warren Buffett: Volume 1, The First $100m

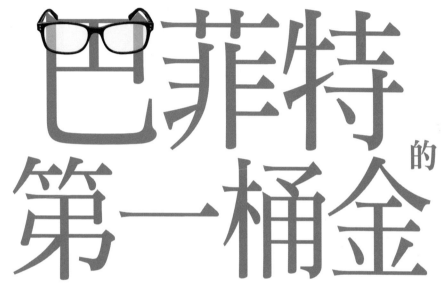

巴菲特的第一桶金

少年股神快速致富的 22 筆投資

葛倫・雅諾德 (Glen Arnold) ——著

蕭美惠——譯

目錄

【第1篇】

背景說明

巴菲特的故事 032

青年時期及合夥事業／波克夏海瑟威公司登場／向葛拉漢學習投資／巴菲特向葛拉漢學到的其他心法

【第2篇】

投資交易

第1筆 城市服務 050

童年／第1檔股票／大學／以投機的方式追蹤股票

目錄

目錄

❧ 重新詮釋巴菲特最初的投資 ❧

我研究波克夏海瑟威（Berkshire Hathaway）這家公司，已有20多年的時間，看著它從一個知名的小型市場玩家，茁壯成為吸引全球數百萬人關注的強大磁力。

身為投資及商業理念的傳布者，現今的波克夏，擁有一套建立在理性資本配置與企業架構之上的完整生態系統，包括人與觀念。投資人、經理人及學者，一致支持這個成果豐碩的廣大領域，內容包含挑選投資標的、經營企業和寫作文章、出版書籍與舉行會議。

1996年，我主辦一場有關巴菲特（Warren Buffett）及他的年度股東信座談會，把這些信件按照主題重新分類，出版成為《巴菲特寫給股東的信》（The Essays of Warren Buffett）。當時，巴菲特已在金融圈闖出名氣，有一大群忠誠的波克夏股東，但還不是家喻戶曉的人物。現在，巴菲特及波克夏的相關書籍已出版過不少，最主要的是羅伯·海格斯壯（Robert Hagstrom）寫的投資書籍《巴菲特的勝券在握之道》（The Warren Buffett Way），以及羅傑·羅溫斯坦（Roger Lowenstein）寫的傳

記《巴菲特：從無名小子到美國大資本家之路》（Buffett: The Making of an American Capitalist）。

之後的20年，巴菲特的聲名大噪，波克夏成為許多商業、投資和學術名人的倡導者和先驅。巴菲特推廣並重塑價值型投資，使它由邊陲地帶躍升為主流地位；他擅長自治式分權管理，帶動他人開始仿效；他已分階段把約750億美元、幾乎是他的全部財富，捐贈給慈善機構。

現今，將近4萬人參加波克夏股東年會，我剛才提到的3本書，以及另外10餘本都成為國際暢銷書，在國際舞台上，沒有什麼人比巴菲特更具知名度，或是更受景仰了。

巴菲特主題的書籍十分廣泛，按照主題可分為會計、金融、治理、投資、購併、稅務、價值等幾類，就像《巴菲特寫給股東的信》一樣。由於巴菲特投資超過半世紀，也有人按照年代來區分這些主題，例如：

◎早期的波克夏（直到1978年整合）。
◎波克夏作為主要股票投資人（1978年到2000年）。
◎波克夏身為擁有多元化事業的綜合集團（自2000年以後）。

由於巴菲特在這些領域的知識淵博，以及他長期領導這家公司，許多分析師和作者因而極為詳盡地研究巴菲特的投資，以及波克夏的營運。因為

這個題材還是很熱門，觀察巴菲特／波克夏的人，很容易便能獲悉他們的最新決策及收購。

更重要的是，儘管已有大量書面報導，我們仍可藉由回顧波克夏與巴菲特的過去，而得到一些省思，尤其是早年。我最近的著作《少了巴菲特，波克夏行不行？》（Berkshire Beyond Buffett）正是迎合這個趨勢，回顧波克夏企業文化如何形成，並展望未來，看這種企業文化，如何在巴菲特離開之後，仍可長期支撐波克夏。

雅諾德的這本書也提供類似的觀點，重點放在巴菲特的投資經歷。本書重回巴菲特最初的投資，像是蓋可公司（GEICO）和時思糖果（See's Candies），同時附加現代的詮釋，雅諾德教授為巴菲特從求學時期到1978年的波克夏，提供了實用的歷史、清晰的投資分析，並添加內容、色彩和心得。

巴菲特很喜愛格言，尤其欣賞西班牙哲學家喬治·桑塔亞納（George Santayana），這位哲學家曾警告說：「凡是不記取過去的人，必將重蹈覆轍。」巴菲特的股東信，總會說明他進行投資的理由，並強調合理的地方，以及理解或邏輯出錯的地方。在雅諾德教授的這本書裡，萃取出這些心得，並寫成精闢文章。

巴菲特總愛說，他最希望人們記得他是一位老師，而不是投資人、企業

家，或是慈善家。閱讀《巴菲特的第一桶金》的讀者，能夠從雅諾德教授身上感受到一位老師的風範，因為作者用環環相扣的方式，考慮周全地安排學習順序。除了最專精的波克夏迷以外，所有人都能在本書獲得寶貴的知識。

《巴菲特寫給股東的信》主編
勞倫斯‧康寧漢（Lawrence A. Cunningham）

投資之路
沒有最好，只有更好

　　我在1997年亞洲金融風暴期間踏入了國際金融市場，當時我只是一個大學三年級的學生。面對當時亞洲國家從泰國開始爆發危機、接著馬來西亞、印尼、菲律賓、南韓、香港、台灣一個個陷入了股匯市暴跌的金融危機當中，我感到非常恐慌，因為連社會上有穩定收入的數百萬股民都在恐慌，而我只是一個每月靠1萬元生活費在台北維生的學生，如何比他們更堅定呢？（我常說：人無恆產，必無恆心。）

　　如果你的投資生涯是從逆境作為起頭，那麼恭喜你，就算無法保證你一定會成為一個偉大的投資者，但是因為你早期就見識到了金融市場的可畏，於是會更抱持謙卑的態度，更積極地尋求存活之道，因而廣泛地尋求解答與投資真理。

　　也因為亞洲金融風暴，讓我在1997年就大量鑽研有關巴菲特（Warren Buffett）以及索羅斯（George Soros）這兩位大師的相關著作和投資哲學。目前在台灣可以看得到的巴菲特相關書籍已經琳琅滿目，你絕對可以挑到

最適合你閱讀的一本，不過多數仍以巴菲特投資生涯的中後期，也就是勞倫斯・康寧漢（Lawrence A. Cunningham）主編的《巴菲特寫給股東的信》（The Essays of Warren Buffett）英文版1997年問世之後的作品。在那之前台灣幾乎只有《勝券在握》（The Warren Buffett Way）在1996年推出中文版，這也就是那些年我們一同追尋的投資經典。

市場上有些人說：「我們不可能成為巴菲特！」（如果拿掉「們」這個字，我才會完全同意，因為當一個人認為自己不可能，那麼他就不會去做了。）會有這樣的畫地自限，主要來自於許多人看到的是巴菲特現有的成就、或者說成為全球首富之後的狀態，如果你去研究波克夏海瑟威（Berkshire Hathaway）這家公司的投資決策以及選股邏輯，基本上你當然不可能跟他一樣。

我認為這本《巴菲特的第一桶金：少年股神快速致富的22筆投資》會是一本很好的入門書籍。因為此書是從早在巴菲特11歲的時候，生平第一次買進城市服務（Cities Services）優先股作為起點，以及大學時期著迷於炒股而熱中於技術線型、數據分析，以及零股交易這些投機活動（看吧，就跟我們大多數年輕股市新手一樣，我們都曾經那麼的相似呀），直到他讀到葛拉漢（Benjamin Graham）1949年的新書《智慧型股票投資人》（The Intelligent Investor），才開始他對於價值投資的深耕發展。

這本書追隨巴菲特達成第1個1億美元的旅程，因此會以個案分析的方

式回顧他最早期的22筆重要投資交易的歷史，並且在每一個個案的結尾歸納出巴菲特的核心哲學以及邏輯。因此，這一段年輕巴菲特時期的投資旅程，將對於股市新手或者目前手上資金不夠雄厚的散戶們，是很好的借鏡以及學習的起點。當然你並無法複製這些交易，許多公司都已經不存在或截然轉型了，但你絕對可以參考他當時的心得、以及從這些經驗當中所學習到的智慧。

這本書可以說是從巴菲特11歲到48歲之間的投資歷史經典重現，在1978年巴菲特的財富達到1億美元，同時也是他把投資整合到波克夏海瑟威這家控股公司的重要里程碑，作為本書的終點。此書內容並不使用非常複雜的選股公式或者艱深難懂的判斷邏輯，而是把大道至簡的幾個巴菲特核心價值觀，依照投資個案發生時間順序的方式呈現在讀者眼前。透過研讀此書，我們並不需要讓自己成為另一個巴菲特，而是讓我們循著年輕巴菲特的足跡，讓我們在前往更成功的投資人生道路上，多了一個借鏡的機會。投資之路，沒有最好，只有更好！

願紀律、智慧與你我同在！

財經暢銷書作家

Anakin

成功投資的不二法門

想要投資成功，最快的捷徑就是對擁有非凡投資成就的人，投入非凡的心力來研究。所以我花了很多時間研究當代最偉大的投資人——股神巴菲特（Warren Buffett）。

我蒐集了許多和巴菲特有關的重要書籍（這類書籍絕對不嫌少，往往必須要剔除的書更多），並且試圖理出其中的資料和案例。但是我們身為台灣人，對於美國當時的時代狀況和公司的熟悉度不佳，所以蒐集的過程中仍然有所困難，對於這些投資案例也難以感同身受。而本書解決了我的許多困難，本書和其他討論巴菲特書籍的差別在於「案例探討」，尤其是早期的投資案例，這些案例年代久遠，要收集詳細的資料真的不容易。

每個案例皆有以下重點：

1.投資概況：買進標的的時間，買進價格，張數，賣出價，獲利額度。
2.案例背景說明：說明當時的時空背景，並且補足讀者可能缺乏的資訊。例如第104、105頁，就揭露了波克夏海瑟威（Berkshire

Hathaway）1955年～1964年的資產負債表。

3.章節學習重點：列出本章節的重要項目。

運用價值投資，除了價值投資者必學的3個重要概念「所有者思維、安全邊際和市場心理學」之外，還取決於另外3個要點：知識、經驗、性格。

好的投資人除了該懂投資與商業知識之外，還必須有實際下場的投資經驗。當然，缺乏經驗肯定會讓你受到一些投資損失，雖然這些損失未來可能轉換為成功的資本，但如果可以，從他人的教訓中學習會比較好。

而怎樣的特質能幫助你投資成功？巴菲特的好夥伴查理・蒙格（Charlie Munger）說：「巴菲特有個特質：厭惡重複犯錯。」許多和巴菲特有關的書籍都提到，巴菲特早期蒐集了不少當時投資大師的資料，傳記，投資案例等，他透過深入學習和自我檢討，使自己的犯錯次數和機率都降低。

而我們也該模仿這個特質，蒐集巴菲特的成功與失敗案例，從中汲取好的成果，牢牢地記下成功的要素以及案例的框架，這才是成功投資的不二法門！

價值投資達人

雷浩斯

其實，你可以再靠近一點

每次接到推薦序的邀稿時，我思考的是，有這必要嗎？如果有，推薦者的導讀目標是什麼？能不能幫助讀者在很短的時間內，做出是否適合閱讀或購買的決定！特別是在這資訊爆炸的年代。

我用兩個提問，來談本書的看法。

2017年的歲末，我有一場演講，出版社事前幫我詢問讀者最想要的一個提問，80個問題中有一題目是：「我一生中看過的理財書最推薦的3本」。這題我到今天都還沒有回答，因為還在思考中。

這樣說吧，投資學派最粗略的分類最少也有3派：巴菲特（Warren Buffett）為代表的價值學派、彼得·林區（Peter Lynch）的成長學派、三不五時就會流行的動能學派，這就已經3本書了。而價值學派，若只能挑一本，這難度高，遺珠之憾已成。

更重要的事，往更高一個層次走，你學投資的目的是什麼？你有多少時

間可以投入分析和管理？你的個性適合什麼樣的投資策略？這一個「方向」提問，如果沒有弄清楚，那麼就像有人說的，海上的帆船，如果沒有目標，任何方向的風都是逆風！

所以第一個提問，其實應該是：你適合傳統的主動式投資，還是順應時代變遷，使用興起的被動式投資的指數型基金？而搞清楚這個問題，最少要有一本書來探討吧？ 所以怎麼挪，怎麼算，我就是無法在3本書內擺平讀者的提問。

如果你還不清楚，那麼聽一下我的第2個提問，我曾經問過臉書粉絲專頁的網友，最欣賞巴菲特的是什麼？答案既在意料之中，也在意料之外。

意料之中的是，巴菲特今年87歲，一路走來非常精彩，許多人欣賞的就是他的人格特質、他的生活及管理哲學。我對他的幾個決策有些好奇，而這本書提供了解答，我以為巴菲特是天生俱成，原來也是經過挫折後的調整，例如本書中第7個投資案例的登普斯特機械公司（Dempster Mill），31歲時的巴菲特，因公司的生存，須改組、重整，使得整個鎮上的人都討厭巴菲特。他的性格畏懼衝突和被人討厭，因此發誓絕對不再陷入必須殘酷對待員工的情況，作者推論，這也是他為何讓波克夏公司（Berkshire Hathaway）不賺錢的紡織廠維持了一段長時間。

登普斯特機械公司的購併案例提供了一個，許多人以前不熟悉的巴菲

特，也提供了巴菲特之後管理風格轉變的前因。除此之外，巴菲特犯下的錯誤，和工作態度的改變，這一些縱然不是投資者，也都有可藉助學習的地方。

簡單的說，如果你已確定，你是被動投資者，也並沒有多大的興趣學習管理，那麼這一本書，可能未必適合你，若你並不排拒管理、生活態度、工作價值觀方面的學習，這本書還是有可觀之處。

如果你是主動投資者，你無須猶豫，我常說你的書架永遠缺一本書，就算你已經找到自己的系統獲利操作方式，作者的某一個整理、某一個發現，幾百個小時的投入，換你幾百元的購書，得以讓你有所精進，這絕對物超所值！

這本書有沒有可惜之處呢？當然有，例如投資城市服務公司（Cities Services），這是巴菲特11歲時的處女作（他剛好也是處女座的），這門課很精彩的另一面，就是財務行為學，也就是早年巴菲特投資心理學的學習和成長，這門課對他太重要了。

巴菲特的經典名言，值得一再重複的是：「最好的投資課，其實只要教好兩件事：如何估計投資標的的價值，以及如何看待市場價格的走勢」。成功的主動投資者，你必須學會雙劍合璧，就算是被動投資者，這投資心理素質的加強，也是一個重要課題，作者在這一門課只停在第一件事，投

資標的的估價，沒有延伸到巴菲特投資心理課程的學習，你不必受限於作者的整理，可以再靠近一點，對有興趣的課再深入的了解，那麼這個收穫就更豐碩了！

美國又上成長基金經理人

前言

本書包含哪些內容？

1941年，11歲的華倫‧巴菲特（Warren Buffett），用120美元的儲蓄起步，這位全球最偉大的投資人花了將近40年的時間，賺到他的第1個1億美元。本書追蹤他這37年來的投資交易，解釋每筆重要投資背後的理由，以及說明他如何在展開投資生涯之後一路累積財富。

起初，巴菲特對投資股票沒什麼概念，必須自行摸索，從成功及失敗當中，學習如何挑選值得投資的公司。本書訴說巴菲特的投資哲學如何形成，並提供經驗給今日的投資人。

巴菲特並不是一帆風順，一路走來也犯下不少錯誤，這是挫敗與成功交雜的漫長時期。巴菲特也會犯錯這件事，讓其他投資人感到欣慰，我們很高興的知道，後來賺到數十億美元的人，原來也會出錯，這可以幫助我們挺過自己的挫折。最大的錯誤是假設投資人一定永遠都是毫無瑕疵的。在心理層面，投資人必須準備面對許多失誤與打擊，然後再重返市場。我們

應該一直記得，可以從他人和自己的錯誤中記取教訓，因此，還有什麼比巴菲特反省自己的錯誤，更值得我們學習呢？

由於本書的重點是分析投資交易，我對巴菲特的私生活沒什麼著墨。如果你想看的是那一類的自傳式故事，本書可能不適合你。但假如你想成為一名更優秀的投資人，了解人們如何藉由奉行穩健的投資原則賺到許多錢，就可以繼續讀下去。

本書的目標讀者是誰？

本書適合想學習或複習成功重要投資法則的投資人。一連串引人入勝的巴菲特投資交易個案研究，構成這個學習過程的框架。

本書的架構為何？

本書追隨巴菲特達成第1個1億美元的旅程。我們首先看到的，是巴菲特在青少年時期的第1筆股市投資，並回顧他的22筆投資交易史，第2篇的章節是依序討論這些交易。如果喜歡的話，你可以挑選有興趣的投資交易閱讀，不過，我建議你先按照順序讀下去，才能了解巴菲特成為一名投資人的心路歷程。每一篇故事，對今日的我們來說，都是實用課程。

我並沒有完全討論巴菲特在這37年來的每一筆投資，那會寫成一本大部

頭的書，我只挑選對巴菲特財富及投資理念最具影響的個案來分析。

在開始討論投資之前，第1篇對掌握之後的內容十分重要。第1部分是概述第2篇的投資交易。在第2部分，我則探討班傑明・葛拉漢（Benjamin Graham）如何影響巴菲特的投資哲學。

在此說明一下簡稱：巴菲特生涯初期的投資合夥事業——巴菲特合夥事業有限公司（Buffett Partnership Ltd.），簡稱「BPL」。在研究及撰寫本書時，我大量引述了巴菲特致BPL合夥人的信函，這些信件在網路上都可以找到。另外，波克夏海瑟威公司（Berkshire Hathaway）則簡稱為「波克夏」。

導讀

　　本書源自於我在4年前做出重大決定，全心投入股市投資。這表示我要放棄大學終身教職，中斷在倫敦金融城的高薪授課，也大幅減少寫書工作。

　　在我展開全職投資生涯時，為了留下選股邏輯的紀錄，我在一個簡易的免費網站撰寫部落格，記載我的分析。我發現，必須清楚及公開表達我配置資金的理由，是一件使人振奮的事。況且，我的記憶力很糟，需要運用某個方法，才能回想起數月以來我進行任何一筆投資的理由。

　　後來，投資網站ADVFN問我能不能替它們的通訊刊物撰寫文章。我接受了這項邀約，在我的專欄當中，有一系列文章是有關華倫‧巴菲特（Warren Buffett）的投資交易。本書就是由那些文章衍生出來。

從提問「為什麼？」開始

　　或許你會認為，討論巴菲特的書籍早已出版過數百本，沒什麼新內容可寫了，但我看過許多書籍之後，仍覺得不滿意。許多巴菲特書籍的作者，

討論巴菲特做了哪些投資、賺了多少錢。但我想知道為什麼：巴菲特選擇的公司有哪些特點，才會脫穎而出？是資產負債表的數字、獲利紀錄、策略地位，還是管理階層的素質？我想知道這些細節。巴菲特是怎麼一步一步走來的，從幾乎一無所有變成超級富裕？

關於他的每個重大腳步，我都想深入了解為什麼。為此，每一項投資都需要查詢許多資料做新的調查。我把重點放在巴菲特選擇那些公司的分析性資料，對巴菲特的私生活並沒有什麼著墨，反正其他地方已有徹底的報導。所以，你不會在本書看到太多巴菲特的私生活。

我要報導的大型投資交易有數十宗，每一宗都需要完整的分析。如果把它們都塞進一本書，實在太不公平，因此，《巴菲特的第一桶金：少年股神快速致富的22筆投資》會結束在巴菲特的財富達到1億美元，以及他把投資整合到波克夏海瑟威（Berkshire Hathaway）這家控股公司的重要里程碑。那年是1978年，他48歲，也就是本書結束處。

與巴菲特的連結

多年前，我就對巴菲特觀念的深奧感到佩服。自然，我成為波克夏海瑟威的股東，並定期參加在奧馬哈（Omaha）舉行的波克夏年度股東大會。

在有關參加股東大會的故事裡，我最喜歡的一個是，我一個人說服巴菲

特捐贈400億美元。或許，你以為巴菲特意志堅強，不可能被一個來訪的英國人說服。但我知道不是這樣，而且我知道我說的才是對的！

那是2006年，比爾・蓋茲（Bill Gates，大人物來了！）正在跟巴菲特講話。蓋茲是巴菲特的忘年之交，也是波克夏的董事。我稱讚蓋茲和其夫人梅琳達・蓋茲（Melinda Gates）創辦基金會的善舉：我興奮極了，可能有些昏了頭。然後，我轉身向站在蓋茲旁邊的巴菲特說：「感謝你為波克夏股東做的一切。」我不知道自己在說些什麼，不過，在褒揚巴菲特的成就時，我的聲音沒有像在誇讚蓋茲時那麼興奮。

你相信嗎？數個星期後，巴菲特宣布要把大部分財產捐給比爾與梅琳達蓋茲基金會（Bill and Melinda Gates Foundation），作為世界各地的慈善用途。顯然，巴菲特仔細想過為什麼這個英國人喜歡波克夏公司的程度比不上他朋友的蓋茲基金會。對此，他採取行動。

這就是我的故事，到死之前，我都會一直說這個故事。

我希望，你會喜歡巴菲特如何賺到他第一個1億美元的故事。

葛倫・雅諾德（Glen Arnold）
2017年夏天

【第1篇】

背景說明

◉巴菲特的故事

　　本書開頭，我要很快地簡述一下這位最偉大投資人的投資生涯。這可以作為探討他之後投資交易的基礎。

青年時期及合夥事業

　　1949年，正值青少年時期的華倫·巴菲特（Warren Buffett），讀到班傑明·葛拉漢（Benjamin Graham）的著作《智慧型股票投資人》（The Intelligent Investor）。他後來選修葛拉漢在哥倫比亞大學（Columbia University）的課程，並在1954年到1956年為他工作，擔任證券分析師。葛拉漢的觀念奠定了巴菲特的成功基礎。

　　那個時期，除了從葛拉漢學到很多東西，巴菲特也有一些出色的投資，例如，在21歲時，投資政府員工保險公司（GEICO，簡稱「蓋可公司」）的股票，在幾個月內獲得48%的報酬（詳見p.55）；又如，投資洛克伍德巧克力公司（Rockwood & Co.），讓24歲的巴菲特賺一倍，為他不斷擴大的資金，增加了1萬3,000美元（詳見p.70）。

葛拉漢退休後，25歲的巴菲特回到家鄉內布拉斯加州奧馬哈（Omaha），與7名親友合夥投資，由巴菲特負責投資決策，初始的資金只有10萬5,000美元。

　　年復一年，合夥投資的報酬率遠遠超越股市大盤，因為巴菲特找到一個又一個便宜標的，例如，每股淨資產遠高於股價的桑伯恩地圖（Sanborn Maps），這筆投資讓合夥人賺了50%，當時的巴菲特29歲（詳見p.74）。

　　其他投資人注意到巴菲特，也請他代為操盤，於是，他又成立其他投資合夥事業。巴菲特發掘一些很棒、但暫時受到華爾街冷落的公司，像是美國運通（American Express；股價漲了3倍，詳見p.89），以及迪士尼公司（Disney；報酬率55%，詳見p.96）。

　　巴菲特投資生涯的合夥事業階段，從1957年初到1968年末，道瓊工業平均指數（Dow Jones Index，簡稱「道瓊指數」）成長了185.7%，而跟著巴菲特投資1美元，則可增值2,610.6%。沒錯，1957年投資的1,000美元，在12年內增值為2萬7,106美元。扣除巴菲特代操的費用之後，一般合夥人可以拿回1萬5,000美元。相較之下，1957年投資道瓊指數1,000美元，只增值到2,857美元。

　　圖1為巴菲特合夥事業扣除費用前後的績效，以及同期的道瓊指數表現。

他的數個合夥事業，在1962年整併成巴菲特合夥事業有限公司（BPL），因此1957年到1961年的績效，是由不同合夥事業的績效整合而來，走勢極為相似。

如果我先指出，今日的波克夏海瑟威（Berkshire Hathaway），是僅次於蘋果（Apple）、字母（Alphabet，（註❶））和微軟（Microsoft）的美國第四大上市企業，市值超過4,000億美元，股價是24萬5,000美元，你就會覺得我接下來要告訴你的事情更了不起。

波克夏海瑟威公司登場

1962年，巴菲特拿出一部分的合夥人資金，買進一家經營不善的新英格蘭紡織公司股票，也就是波克夏海瑟威公司。每股買進價平均為7.5美元（沒錯，我沒有少算1個零），當時該公司仍在虧損之中。1964年5月，巴菲特合夥事業公司已持有波克夏的7%股權。

波克夏的大股東和負責人，是西伯里‧史坦頓（Seabury Stanton）。他向巴菲特提出一項交易，用11.5美元的價格，買下巴菲特持有的波克夏股權，比巴菲特買進的價格高出50%。但他以為可以占巴菲特便宜，因此正式提出的價格只有11.375美元。巴菲特對史坦頓的行為感到生氣，便決

註❶　編按：Alphabet 為 Google 母公司。

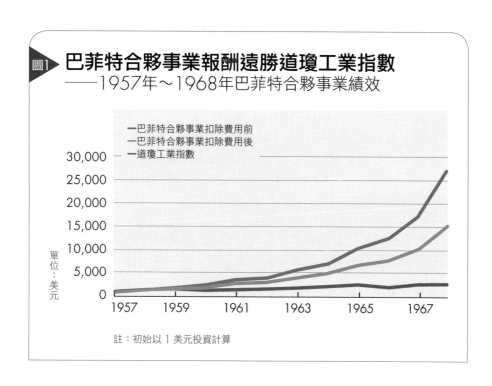

圖1 ▶ **巴菲特合夥事業報酬遠勝道瓊工業指數**
——1957年～1968年巴菲特合夥事業績效

— 巴菲特合夥事業扣除費用前
— 巴菲特合夥事業扣除費用後
— 道瓊工業指數

單位：美元

註：初始以 1 美元投資計算

定不賣股了。

　　而且，巴菲特做出他後來稱為「無比愚蠢的決定」。每個人都看得出來，這家新英格蘭紡織公司快要倒閉了，因為被便宜的進口商品打擊，它們幾乎沒賺到錢。波克夏因為無法競爭，已經關閉大部分的紡織廠。但巴菲特十分惱怒，便開始大量買進波克夏股票（偉大的投資人未必都很理性，跟所有的投資人一樣，他們也會犯錯）。1965年4月，巴菲特合夥事

業公司已持有39%的波克夏股權,正式掌控該公司,動用了巴菲特代操資金的1/4。

巴菲特坦承自己的「幼稚行為」,讓他必須重整一家「糟糕的企業」。由於虧損及買回自家的股票,1964年底時,波克夏資產負債表上的淨值,只剩下2,200萬美元。它沒有多餘的現金,還負債250萬美元(詳見p.101)。

巴菲特對進一步投資紡織機械和其他資產,設定嚴格的限制。他逐步把原始事業的資本,投入到一些很有趣的領域。由於他不是紡織業出身,而是涉獵多種事業的資本配置者,比起那些只專注在紡織業的人,他更能看出良好的投資機會。

1967年,他讓波克夏海瑟威公司跨出一大步,以860萬美元,買下了家鄉奧馬哈的保險公司——國家保障公司(National Indemnity,詳見p.118)。巴菲特認為保險公司最大的吸引力,除了保費高於理賠及管理成本,因而可以獲利之外,就是公司擁有的大筆現金(浮存金,float)。保險人先繳了保費,但理賠是日後才需支付,因而產生了這筆現金,巴菲特可以用浮存金去投資。後來他買下更多保險公司,充分運用了浮存金(詳見p.181、p.269)。

國家保障公司收購案之後的另一傑作,是在1972年以2,500萬美元買

下糖果品牌連鎖店。本書寫作時，這家時思糖果（See's Candies）已創造
19億美元，可供波克夏投資其他事業。時至今日，該事業仍不斷賺錢（詳
見p.208）。

　　隨後是許多其他漂亮的投資，為原已走下坡的紡織公司波克夏，創造超
高的成長。1965年到1978年間，標準普爾500指數（S&P 500）的年複
合成長率是4.63%；波克夏的每股帳面價值複合成長率達到21%。

　　等到你看到這種差異對最終金額的影響，才能真正領會巴菲特的驚人
績效。標準普爾500指數的報酬率，使得1965年投資的1,000美元，到
1978年12月變成1,888美元；而在同樣的14年間，以1,000美元投資波
克夏股票，會增值到1萬4,000美元以上。圖2顯示波克夏資產負債表價值
的年成長率，以及1965年到1978年，巴菲特賺到第1個1億美元前的波
克夏股價成長率。

　　波克夏的股價表現一直超越標準普爾500指數。以1965年1月到2016
年12月這段時期來看，標準普爾500指數的年複合成長率是9.7%，但是
波克夏超過1倍以上，達到20.8%。標準普爾500指數的報酬率，意味著
1965年投資的1,000美元，到2016年12月變成12萬7,170美元；然而
同樣的52年期間，以1,000美元投資波克夏股票，增值到將近200萬美
元。圖3顯示波克夏資產負債表價值的年成長率，以及這段期間的股價成長
率。我想，我們可以肯定的說，巴菲特已經彌補了買下波克夏海瑟威公司

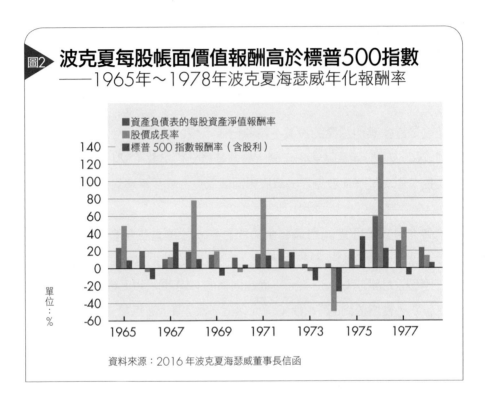

圖2 波克夏每股帳面價值報酬高於標普500指數
——1965年～1978年波克夏海瑟威年化報酬率

■資產負債表的每股資產淨值報酬率
■股價成長率
■標普 500 指數報酬率（含股利）

單位：％

資料來源：2016 年波克夏海瑟威董事長信函

的「愚蠢決定」。

　　以上便是我對巴菲特如何獲利進行廣泛研究的結論。在第2篇開始詳細討論每件投資交易之前，我們要了解葛拉漢的教導，在巴菲特投資生涯扮演的重要角色。在下一個段落，我會說明葛拉漢對巴菲特的影響，以及他如何引導巴菲特的投資策略。

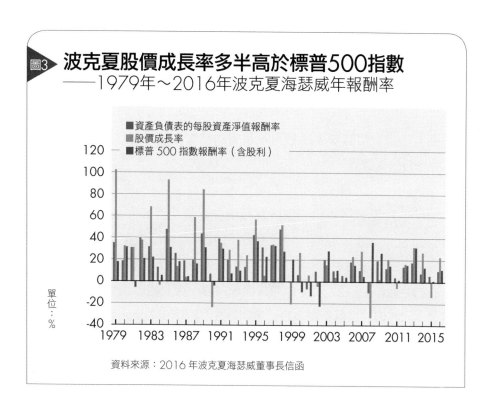

圖3 **波克夏股價成長率多半高於標普500指數**
——1979年～2016年波克夏海瑟威年報酬率

■資產負債表的每股資產淨值報酬率
■股價成長率
■標普 500 指數報酬率（含股利）

單位：%

資料來源：2016 年波克夏海瑟威董事長信函

向葛拉漢學習投資

1950年，56歲的葛拉漢操作小型投資基金，在股市經歷一段艱困的時期。在華爾街崩盤前，葛拉漢是個相對謹慎的投資人，但在跌勢展開之前並不夠謹慎。1929年到1932年之間，他為客戶管理的規模250萬美元基金中，有70%虧損或被撤資，葛拉漢不由得反省如何作為一名投資人。他

曾在樂觀氛圍下預測獲利，以評估價值；他曾買進股票，期望轉手賣給看到股價上漲，而願意追高的傻子；他曾依據圖表、小道消息來買進，而不是真正了解該公司，或是根據內部人士的資訊。

這些方法證實都有缺失。他自我反省的結果，成為價值投資學派的基礎，在今日廣泛流傳。

為協助自己思考並傳授知識，葛拉漢在哥倫比亞商學院（Colombia Business School）兼職開一門證券分析的課程。第1堂課是在1927年，而實際上，有一段短時間他是在紐約金融研究院（New York Institute of Finance）授課，不過，我可以想像課程內容，在1930年代初期變得更有深度了，因為他被迫思索眾多投資策略，在1929年股市崩盤時全部失敗的惱人問題。

葛拉漢與哥倫比亞學者大衛‧陶德（David Dodd）合作，把他的想法寫成《證券分析》（Security Analysis）這本書，初次出版是在1934年。巴菲特19歲時讀到的《智慧型股票投資人》是其思想的簡明版。加上其他重要影響，巴菲特因此由投機轉為投資。

1929年股市崩盤後，許多觀察家認為，評估股票價值是毫無意義的。畢竟，一檔股票假如在1928年價值100元（依照市價），而在15個月後只值5元，有誰知道什麼才是真實價值？他們認為，更好的做法，是評估其他

股票買家的心理：其他買家是否認為股價會上漲，然後搶先買進。這種重視市場，而不是重視公司及公司以績效服務客戶的態度，是投機客與投資人的一大差別。

投資的定義

在說明投機的特徵之後，我們需要定義什麼是投資。葛拉漢和陶德有以下的說明：

「投資是經由徹底分析，保障資本安全，並獲得令人滿意的報酬。未能符合這些要求的就是投機。（註❷）」

圖4為投資的3大要素。

1.徹底分析

你投資了一家企業，你會持有該企業的一小部分。然而，你分析的問題應該要與買下整家公司時相同，而不只是一小部分的：

◎該公司的績效和獲利歷史？
◎該公司在客戶之間有好名聲嗎？
◎該公司的資產多、負債少？

註❷　出自《證券分析》，葛拉漢與陶德合著。

◎該公司面對哪一種競爭？

◎公司的管理階層能幹且誠實嗎？

這類分析需要理性、獨立思考和嚴格查核事實。葛拉漢認為，這種分析主要是仰賴已知的量化事實。他認同質化方面的重要性，例如，知名品牌的力量，以及管理團隊的素質，但1929年的經驗，使他不敢太過強調自己對公司前景，以及管理階層能力與正直的評估。

2.保障資本安全

買股票時，很重要的一點是建立安全邊際，就像路橋要有護欄一樣。橋梁的建造，不只要承受過去測到的風速和其他載重，標準要遠高於此。

同樣的，唯有在買進價格跟你估算的內在價值之間，存在大幅安全邊際，你才能買進股票。你必須要認真考慮下檔風險。

3.令人滿意的報酬

不要指望一步登天。不要因為過度樂觀或貪婪，而超出自己的能力圈，或是超出自己能承擔的風險極限。

一大諷刺

謹記這項諷刺：偉大投資人秉持安全原則，只想獲得令人滿意的報酬率。然而，長期下來，他們的績效超越那些承擔更高風險的人。

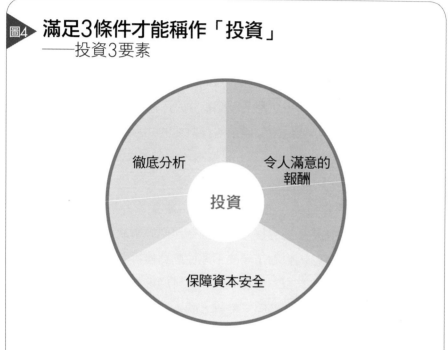

圖4 滿足3條件才能稱作「投資」
——投資3要素

投資

徹底分析

令人滿意的報酬

保障資本安全

巴菲特向葛拉漢學到的其他心法

除了這3大要素的投資定義，巴菲特還從葛拉漢那裡學到其他重要心法。他學到，報酬取決於投資人的：

◎知識。

◎經驗。
◎性格。

　　投資人要了解商業世界及其運作方式。有人認為懂得會計、財務和企業策略很重要，但這些都可以隨著時間補強及了解。擁有好奇心是先決條件，不過，投資人不必單純由經驗來培養需要的知識水準。從他人的錯誤與成功，也可以學到許多。

　　想成為一名優秀投資人，性格比智商來得重要。葛拉漢教導巴菲特，大部分的聰明人往往是差勁的投資人，因為他們經常缺乏正確的心態。例如，假使他們極為理性，會對市場的不理性感到挫折，而無從設法利用這種不理性：他們只會將其視為瘋狂。他們也可能沉溺在自己的預測和預估中，因而忽略了要建立安全邊際。投資人的差勁性格，還包括在恐慌時跟隨群眾，或是跟大家一樣陷入非理性榮景。另外，有些人無法不去注意到別人因某種新投機，或是最新流行技術而賺錢，於是也跟進了。簡單來說，投資人最大的敵人，往往是自己。

檢視事實

　　葛拉漢跟巴菲特強調說，如果他想超越市場上其他人，就必須了解他們聚焦在哪裡。舉例來說，許多所謂的投資人，主要關切未來的預期，例如，最近的媒體產品，在未來10年會有多少客戶訂閱；而這種事，是完全說不準的。由於畫錯重點，他們反而沒注意到更重要的細節，像是資產負

債表、獲利紀錄和股價。

重點是不要被一家企業的故事給迷住，而忽略它的真正事實。我們很難預測哪一檔股票會有快樂的結局、哪一檔股票會主導市場利基。其實，往往沒有贏家，至少在投入資本報酬率方面沒有。因此，我們必須附和葛拉漢說的：「分析主要是關注於事實所支撐的價值，而不是大多取決於預期的價值。（註❸）」

巴菲特曾這麼形容葛拉漢：

「他不講求出色的投資，也不追求流行或時尚。他重視穩健投資。而我認為，假如你沒有太趕的話，穩健投資可以讓你變得超級富裕；而且，更好的是，絕對不會讓你變窮。（註❹）」

巴菲特從葛拉漢那裡學到用簡單易懂的比喻，來說明複雜投資原則的方法。「市場先生」（Mr. Market）就是一個很好的範例，而且其中有些東西，是我們每天都應該牢記的。

葛拉漢說過以下的故事：你跟市場先生合夥做生意。你持有50%，他

註❸　出自《證券分析》，葛拉漢與陶德合著。
註❹　出自 1994 年 12 月 6 日巴菲特在紐約證券分析學會演說。

也一樣。市場先生每天都來找你，要不提議向你買下一半的事業，要不提議把他的一半事業賣給你。他其實非常親切，一整天都會提出報價。問題是，市場先生有情緒。有些日子他很樂觀，跟你提議用很高的價格，收購你的事業股權。有些日子他情緒低落，只想脫身，願意把他的一半事業用低價賣給你。

　　所以，你必須問自己，你是否要依據市場先生提出的價格，來評估你的股票價值？我希望你沒有這麼做。你應該要自己分析，把你自己估算的內在價值，與市場先生的出價做比較。

學習重點

1. 奉行穩健投資原則
葛拉漢及陶德投資學派開發的基本面分析策略，包括他們兩人及他們的學生提出的，是一個很好的起點。找尋合適的導師，不論是活著的人，或是已故的名人。

2. 你只需要超越大盤數個百分點，就會累積龐大財富
一旦你打造出自己雪球的核心（一些資金，加上穩健的原則），透過良好的中期報酬，便能不斷滾大雪球。然後不要偏離這些原則，以保持雪球往下坡滾動。

3. 如果你對公司進行徹底分析、建立起安全邊際，以及目標設定為令人滿意的報酬，這樣才能算是投資
假如缺少任何一點，你就是在投機。

4. 不要接受市場先生評估的股票價值，你要自己做研究
市場先生既瘋狂又抑鬱，有時在相同環境下，對相同公司有著高度評價，然後在轉眼間，又只看到缺點，因此願意以低價賣出。你要利用市場的不理性，而不要陷入其中。

【第2篇】

投資交易

第 1 筆

城市服務（Cities Services）

投資概況	時間（年）；巴菲特年紀（歲）	1941；11
	買進價格（美元／股）	38.25
	數量（股）	3
	賣出價格（美元／股）	40
	獲利（美元）	5.25

華倫‧巴菲特（Warren Buffett）投資哲學的核心，是清楚區隔投資人及投機客。讓人訝異的是，許多金融市場的玩家都沒搞懂這點。

弄明白這點，才能讓股票買家減少風險和錯誤，得以長期累積財富，也就是慢速致富的方式。首先，我要從巴菲特早年所受到的影響，來解釋他的投資哲學。回顧他從頭建立起來的投資組合，可以帶給我們許多啟發。

童年

1930年8月，巴菲特出生，就在1929年華爾街崩盤後沒多久，正是大蕭條（the Great Depression）展開之際。他的父親，是內布拉斯加州奧馬哈（Omaha）的一名股票經紀商，後來有一段時間成為國會議員。他的家

庭並不是特別富裕，卻能好好度過大蕭條，主要是依賴典型的中西部家庭團結的文化。不過，年少聰穎的巴菲特十分明白什麼叫一貧如洗，因為他的周遭都是如此。他決定要成為有錢人。

年輕時，他嘗試各種方法賺錢。他撿拾遺落的高爾夫球，甚至，更好的是，叫朋友去撿，然後自己拿去賣掉。他買進成箱的可口可樂，拆開後零賣。他買下一輛勞斯萊斯古董車，出租賺錢。

他最喜歡的，是理髮店裡的彈球台。巴菲特買下機台，將其安裝在理髮店，理髮師可以抽成。最賺錢的，是替《華盛頓郵報》（Washington Post）送報；他們家有一段時間搬到華盛頓，他清早起床，在上學之前，送完3條路線的報紙。

這麼積極賺錢，讓巴菲特在十幾歲時就存到了數千美元。15歲時，他已經有1,200美元，可以投資一座距離奧馬哈70哩的42英畝農場，由農場獲利抽成；而該筆土地在5年之後，用2倍價格賣掉。

第1檔股票

早在11歲的時候，巴菲特就有120美元的存款，那是他6年來省吃儉用的成果。他拿這筆錢，加上姊姊桃樂絲・巴菲特（Doris Buffett）的錢，買了6股城市服務（Cities Services）的優先股，他的3股價值114.75美元。

6月時，該檔股票由38.25美元下跌到27美元。巴菲特覺得內疚，因為他要姊姊相信他，拿出儲蓄去買股票。從這種對信任他的人充滿責任感，我們就可以了解，在1950年代及1960年代，巴菲特對待合夥人，以及後來波克夏海瑟威（Berkshire Hathaway）股東的態度。

　　幸好，該檔股票回升到40美元，巴菲特賣出，每股賺了1.75美元。

大學

　　17歲，巴菲特進入賓州大學華頓商學院（Wharton Business School at the University of Pennsylvania）就讀。但沒多久，他不確定自己要不要繼續讀下去，不明白讀大學的意義是什麼。他從6歲開始做生意，已經擁有不錯的收入，大學只會拖延他的進展。他相信自己比教授更知道要如何經營事業。

　　他很輕鬆地通過課程，堅持了兩年，同時追求其他興趣，但沒有完成華頓的學位。他轉學到內布拉斯加大學（University of Nebraska），那裡距離家裡比較近。

以投機的方式追蹤股票

　　巴菲特沒有把大學課業視為優先，跟以往一樣著迷於賺錢。這時候，他

已負責督導內布拉斯加州6郡的送報童、撿高爾夫球，並在潘尼百貨（J.C. Penney）擔任銷售人員。

1949年時，巴菲特的儲蓄達到9,800美元。這時他開始著迷於炒作股票。他嘗試各種方法來炒股票，包括技術線型、數據分析，以及「零股交易（odd-lot stock trading）」。從這裡，我們可以知道，巴菲特當時是在投機。

也就在這個時候，他讀到班傑明‧葛拉漢（Benjamin Graham）1949年的新書《智慧型股票投資人》（The Intelligent Investor）。這對他來說，可真是個天啟啊！現在，巴菲特迫不及待要去哥倫比亞商學院（Colombia Business School），參加葛拉漢與大衛‧陶德（David Dodd）設計及講授的課程。1950年秋季，他入學了；1951年夏季，取得經濟學學士學位。在這個學位課程裡，他的注意力，集中在這兩位價值投資開山祖師設計的課程。巴菲特開始運用葛拉漢與陶德的理性方法來選股。

學習重點

1.不要未經思考，只賺取蠅頭小利

在巴菲特以40美元脫手之後，城市服務優先股大漲到202美元。

2.不要執著於股票買進價格

那是沉沒成本（sunk cost）。你該在意的，是之後的股價走勢。如果股票在你買進之後下跌，這時必須依據你對內在價值的估算，評估這檔股票的前景。很多時候，內在價值不會跟股價同步漲跌。

3.用他人的錢投資時，萬一出錯，可能會產生愧疚感

巴菲特不喜歡衝突和壞心情，因此，他發誓，除非有把握會成功，否則不接受別人的資金。一位非常虔誠的基督徒、億萬投資人約翰‧坦伯頓（John Templeton）曾說過，「OPM是神聖的」，而OPM指的，就是他人的錢（Other People's Money）。

第 2 筆

◉蓋可公司（GEICO）

投資概況	時間（年）；巴菲特年紀（歲）	1951；20
	買進價格（美元）	10,282
	數量（股）	350
	賣出價格（美元）	15,259
	獲利（美元）	4,977

　　這個案例說明巴菲特（Warren Buffett）早期運用葛拉漢（Benjamin Graham）的方法。

　　此時的巴菲特20歲，正在哥倫比亞大學（Columbia University）就讀第2個（最後的）學期。他已讀過很多遍的《證券分析》（Security Analysis），個案研究都能倒背如流。他在春季班參加葛拉漢的課程時，已熟讀葛拉漢與陶德（David Dodd）的觀念，也希望能跟他們討論。他總是課堂上第一個舉手發問的人，也是最急切與葛拉漢討論一家公司的優點，或是兩家公司的比較（這是葛拉漢偏好的教學方法）。那一年，葛拉漢給了巴菲特A⁺的成績，是他唯一打過這麼高的成績。

　　1951年初，巴菲特注意到，葛拉漢是一家小型保險公司的董事長：政府

員工保險公司（GEICO，簡稱「蓋可公司」）。他很好奇，想知道更多。某個週六，他搭車前往華府（Washington DC），去敲蓋可公司總部的大門。在接著說下去之前，我最好先說明一下葛拉漢的基金：葛拉漢紐曼公司（Graham-Newman Corporation），是如何買下蓋可公司的。

蓋可公司

蓋可公司在1936年創立，為政府員工提供汽車保險。該公司選擇一種獨特的行銷技巧：大多數同業透過經紀人銷售保險，但蓋可公司認為這種方法成本昂貴，如果它們透過郵購直接賣保險給人們，便能提供更優惠的保費，並取得更高的獲利率。該公司生意興隆，但在1947年，一個大股東家族想要賣掉股權，他們持有公司股權的55%。他們雇用一位投資經紀商洛里莫·戴維森（Lorimer Davidson）來處理。起初他找不到買家，1948年，葛拉漢的基金終於用72萬美元買下股權，葛拉漢本人擔任董事長，並指派他的一名同事擔任董事。

在星期六的時候，巴菲特來敲門！

1951年初的那個星期六，警衛打開蓋可公司總部大門說，戴維森正好在公司裡；當時，戴維森獲聘為該公司的財務副總裁。巴菲特說明他是葛拉漢的學生，在交談中，很快便證明他已熟讀該公司的一切，然後提出相關問題，戴維森覺得不妨犧牲數分鐘個人時間，跟這個年輕人交談（巴菲特

自己承認，説當時他看起來像是個16歲的怪咖）。

他們後來談了4小時，巴菲特聽了一堂有關保險公司營運的精彩課程。他明白蓋可公司有2項競爭優勢：

1. 非常低成本的行銷方法。
2. 擁有利基市場。安全駕駛、保險風險低的客戶，習慣向蓋可公司購買保險。

蓋可公司成長前景絕佳，原因之一是它擁有效率超高的銷售團隊。獲利率是一般保險公司的5倍。更好的是，該公司有一大筆浮存金，也就是那些已支付但尚未理賠的保費，而這筆現金可作為投資用途。

在這裡，我們看到巴菲特深入分析一家公司的早期案例，他藉此試圖了解公司的內在價值。我們也看到巴菲特堅持自己的看法，而不是聽信專家。他請教過數名保險投資專家，他們都説蓋可公司估值偏高。蓋可公司僅有1%的市場占有率，大家認為它很容易會遭到激烈競爭傷害，尤其是受到經紀人制的行銷系統傷害。但巴菲特從葛拉漢學到，群眾不贊同你的看法，不代表你是對是錯。面對事實，而不是面對群眾。

巴菲特很興奮地把他的約65%資產，也就是1萬282美元，買進蓋可公司股票。

他在1952年賣掉持股，拿回1萬5,259美元。不錯的報酬，但假如他持有這些股票，接下來的19年都去釣魚，那麼這些股票到1960年代後期，可以賣到130萬美元。這個痛苦的教訓是：賣掉一家看得出來是好公司的股票，是一大失策。但我們不要責怪他。因為我們即將看到，他把這筆錢好好地運用在其他地方了。

值得一提的是，在1970年代初期，波克夏海瑟威公司（Berkshire Hathaway）再度投資蓋可公司。2016年，蓋可公司占據11.4%的美國車險市場。

學習重點

1. 好好做功課

分析一家公司時，不僅要研究量化因素，像是財務數據，還要研究質化因素，像是公司在客戶之間的名聲、管理階層的能力等。

2. 若下工夫做準備，有可能看得比所謂的專家來得更深入

在這個案例中，許多大型基金公司的分析師，根本懶得去拜訪小型保險公司的管理階層，而只是看看年報和產業報告。所有投資人都可以利用這個教訓：再跨出一步，你就可能比專業人士懂得更多。

3. 找尋妥善運用資本的公司

如果一家公司運用再投入資本，創造卓越的報酬率，是極為可貴的。在這種情況下，獲利可能急速成長，接下來，就是股價跟著成長了。

第3&4筆

◉克里夫蘭紡紗廠（Cleveland Worsted Mills）和一座加油站

憑著 A⁺ 成績在哥倫比亞大學（Columbia University）畢業後，巴菲特（Warren Buffett）渴望去葛拉漢（Benjamin Graham）的公司工作。葛拉漢不斷拒絕他，因為葛拉漢是猶太人，而當時的華爾街對猶太人充滿偏見，於是他把工作保留給猶太人。巴菲特甚至提議，說自己不收取任何薪酬，葛拉漢還是拒絕他了。巴菲特挖苦說，葛拉漢面對價值這件事，確實是十分嚴肅！

儘管有些不甘願，21 歲的巴菲特還是回到奧馬哈（Omaha），在他父親的公司擔任股票經紀人，並住在父母家裡。身為經紀人，他應該要積極提出主意，勸誘私人投資人，在他父親的公司進行股票交易。

由於外表看起來像是 16 歲的「呆子」，巴菲特請奧馬哈的有錢人買進他所選的股票時，都沒有人把他當一回事。跟他接觸的人有時會聽一下，然後去請教更資深的股票經紀人，最後跟他們交易。又或者，他們會問：

「你爸爸是怎麼想的？」儘管他的想法很好，卻總是不受重視，巴菲特為此倍感挫折。

投資

1951年底，巴菲特的資金增加到大約2萬美元。他最景仰的兩個人——葛拉漢以及他的父親，都勸他不要投資股市，因為價格太高了。然而，他不同意他們的邏輯，並且打定主意，認為1951年是買進好公司的完美時機。他認為機會無窮，首度融資買股票：他借了5,000美元，相當於他財產的1/4。

提醒大家，融資只適合非常能幹的投資人，以及輸掉全部投資組合也不會影響到生活的人。我不建議別人這麼做，巴菲特也是。其實，巴菲特之後很少再融資，因為他的保險浮存金，提供他必要的財務槓桿，通常是免費的。

為了替他的2萬5,000美元資本尋找投資機會，巴菲特翻閱穆迪（Moody's）的全美上市公司手冊，總共大約有1萬頁，而且他還看了2遍。有些公司他看了幾秒鐘便將之否決掉，有些公司則是從頭看到尾。他也仿效葛拉漢，在奧馬哈大學（University of Omaha）的投資夜間班，教授葛拉漢的投資方法及他自己的想法。這個時期的巴菲特，有2樁失敗的投資交易。

第1樁失敗交易》克里夫蘭紡紗廠

克里夫蘭紡紗廠（Cleveland Worsted Mills）的股價，不到該公司淨流動資產價值（Net Current Asset Value, NCAV）的1/2。這表示該公司市值，不到該公司流動資產扣除負債之後金額的一半。在實務上，如果該公司償還所有的債務，且固定資產一毛不值的話，還是持有相當於2倍市值的現金、應收帳款，以及（或者）庫存。這種選股方法，是1950年代巴菲特故事很重要的一環，因此，我接下來要詳細解釋。

克里夫蘭紡紗廠除了股價僅有NCAV的一半之外，還有很高比率的獲利是用在配息上。這些因素使它成為誘人的投資標的，巴菲特向奧馬哈的經紀商客戶推銷這檔股票。然後，出問題了：該公司面臨美國南部各州紡織廠與合成纖維的激烈競爭，因而出現大幅虧損、削減股息，股價直直落。

前面提到，淨流動資產價值投資是巴菲特極為重要的一個策略，值得我花點時間詳加討論。

淨流動資產價值投資

信不信由你，不過，股市裡隱藏著股價低於流動資產價值的公司。流動

資產包括現金，以及預估1年內可變現的其他資產，大多是庫存、應收帳款和現金。

更特別的是，如果你從流動資產扣除所有長、短期負債，而得出淨流動資產價值，你還可以找到股價低於淨流動資產價值的公司。

如果我們考慮到這個方法，不計入該公司持有的長期資產（或稱為非流動資產、固定資產），這點便更加驚人。這些資產都被視為零價值。這是把保守型估值推向極致。長期資產可能包括建物、車輛、工廠等，都擁有極高的市值。但這些並不會計算在內，直接當成是零。

除此之外，這個方法還有2個層面要更加謹慎：

1.削減庫存和應收帳款價值

企業資產負債表上的流動資產價值，並不是以面額計算。你或許需要在庫存估值上建立安全邊際。例如，企業經理人會透過會計師，列出會計日期的庫存價值，包括倉庫裡的原料、生產線上的半產品，以及尚未銷售給客戶的製成品。但經理人用超樂觀預期來評估的情況，也時有所聞。身為價值型投資人，我們不要用可能的最佳情況來評價，才能建立安全邊際。一些陳舊庫存可能已經過時了，無法再按照當初成本來出售。作為外部人士，我們不可能逐一檢視庫存，再加以估價，但為求安全起見，我們可以把庫存價值打折，例如減少33%，這是葛拉漢最常建議的折價幅度。

相同的安全原則，也適用於應收帳款（或稱為「應收款」）。企業經理人在猜測無法付款的客戶比率時，可能比你來得樂觀。或許應收帳款的金額該打8折，也就是減少20%。

2.檢查質化因素

下一步，是確保該公司的品質穩健（假設公司的最佳選項，並不是立即清算）：

① **公司前景**：公司是否擁有優勢，可以在中長期創造獲利？信不信由你，你完全可能發掘到相對於淨流動資產價值的低價優質公司。「獲利能力」（earnings power）這個由葛拉漢創造出來的名詞，正是我們想要尋找的。葛拉漢表示，未來獲利能力的一個指標，是令人滿意的經常獲利、股息水準，以及（或者）高水準的歷史平均獲利能力。有關這點，重要的是不要聽信別人預測未來趨勢，或是單憑以前的資料做判斷，那可能會造成誤導。舉例來說，2012年，根據以前的資料與真實情況，潘尼百貨（J.C. Penny）、諾基亞（Nokia）和特易購（Tesco）看起來都很強健。但是這些公司發現，競爭環境是會改變的。投資人必須在資料之外，另外尋覓公司競爭力可能易於遭受破壞的跡象。

獲利能力不是經常獲利，而是5年到10年的實際獲利，和未來5年的預估獲利總和。這需要考慮到公司之於對手、供應商、客戶的競爭能力，

以及新對手進入該產業，還有替代性的產品或服務對公司造成傷害的可能性，例如，網路為旅行社、音樂發行和書本銷售，提供了替代方式。

②**公司管理階層的素質**：這裡需要考慮2個層面：

❶能力：比較公司管理階層的說詞，以及他們長期的表現。
❷股東權益：如果一家公司的管理階層能力強，又充滿幹勁，它未必是一項好投資，除非管理階層秉性正直，尤其是在滿足股東利益方面，更要留意。

③**穩定性**：公司的營運是否穩定？公司的債務水位，是否會嚴重損害它的穩定前景？投資人可不想投資一家高負債或現金流量變化極大的公司，變化不大的產業才可能穩定，這表示生技業和電玩軟體業不合格，銷售乏味小工具的產業比較可能會合格。

這類低價股形成的原因？

即使是流動資產遠高於負債的公司，也會出現低於NCAV的股價，理由有3：

1.公司經理人進行破壞價值的活動，逐年虧損侵蝕股東資產。
2.股市不理性地把股價壓低到不合理的水準。
3.股東沒有逼迫公司，去做該為股東做的事。

為何淨流動資產價值高的股票會上漲？

　　歷經一段煎熬時間、數年虧損，或是景氣、產業滑坡的公司，通常會瀰漫市場悲觀氛圍。有時這是一視同仁的。在浮渣被丟棄的同時，有充分理由相信，終究會復甦的好公司，也可能被丟棄了。

　　有4種可能的發展路徑，可以阻止或逆轉虧損模式，阻止資產負債表上的資產，年復一年逐步消耗所造成的價值破壞：

1.經濟環境好轉而提升獲利能力

　　這可能是整體景氣復甦的結果。另外，對手退出產業也可能提升獲利能力：競爭對手失敗，或是退出某些活動，讓屹立不搖的業者得以調漲價格，並增加獲利。

2.公司管理階層自我激勵

　　公司的管理階層或許能力很好，卻面對新對手的激烈進擊，或是舊對手積極定價及行銷。他們可能會重新振作，記取以往的錯誤與挑戰後，重新出發。

3.公司賣給他人

　　買家最起碼應該會願意支付收購公司的清算價格（如果流動資產用接近資產負債表的價格出售，便會高於既有的市場價值），這時NCAV投資人便會獲利。

4.完全或部分清算

許多公司根本沒有繼續存在的理由。假如公司董事選擇變賣資產求現，股東還能分到更多錢，甚至可以加發股息給股東。有一些公司，特別是那些持有大量房地產，卻只會虧損的公司，假如逐步清算資產，股東可以拿到2倍或3倍的錢。

因此，NCAV投資人可以尋找以上4種機會，以取得投資報酬。

第2椿失敗交易》加油站

巴菲特與一位友人合夥買下一座奧馬哈加油站。可惜，這座加油站就位在德士古（Texaco）加油站正對面，而對方總是生意興隆。神奇的是，巴菲特甚至挽起袖子來幫忙：他真的在週末時幫客戶服務。

他學到競爭優勢的教訓：德士古加油站「井然有序，深受喜愛……客戶忠誠度……顧客群……我們無能為力。」記取這次教訓後，後來促成他的一些最佳投資，因為他尋找產業裡客戶忠誠度最高的公司，也就是可口可樂（Coca-Cola）。

當時，22歲的巴菲特因為從加油站虧損2,000美元，而變得更聰明了。

不斷寄送構想給葛拉漢

　　巴菲特仍渴望繼續在葛拉漢麾下學習，因此，不斷把他對公司的分析寄給葛拉漢。最後，葛拉漢及他的合夥人傑瑞‧紐曼（Jerry Newman）屈服了，聘用巴菲特到葛拉漢紐曼公司上班。除了合夥人之外，他是紐約投資辦公室僅有的4名員工之1。

學習重點

1. 每個投資人都會犯錯，而且會犯下許多錯

你必須接受自己會失敗，每個領域的人都是這樣的。你必須培養出人格特質，讓自己可以從失敗中學習：你成功與失敗的決策，決定你的長期投資組合績效。即使是偉大的投資人，也有45%的時候失誤。假如你有55%的時候正確，數年之後，你的財富就會大幅增加。

2. NCAV投資是巴菲特投資策略的核心

股價可能會跌到一種低水準，以至於公司每股流動資產扣掉所有負債後，仍遠高於股價水準。而其中一些公司，是很有機會恢復股東價值的。

3. 不要忽略質化因素

了解競爭態勢和管理階層的素質，是大多數成功投資的核心。

◉洛克伍德公司（Rockwood & Co.）

投資概況	時間（年）；巴菲特年紀（歲）	1954 ～ 1955；23 ～ 24
	買進價格（美元／股）	多種價位
	數量（股）	缺
	賣出價格（美元／股）	多種價位
	獲利（美元）	13,000

　　為葛拉漢（Benjamin Graham）工作，巴菲特（Warren Buffett）過了很扎實的2年。他主要的工作，是待在一個沒有窗戶的房間，翻閱數百家公司的資料。他針對符合葛拉漢選股標準的公司準備簡報，尤其是具淨流動資產價值的股票，這些是低價、受到忽視、失寵的股票。

　　以下是巴菲特傑出的投資案之一，他選中的那家公司，因未能獲利而遭到忽視，價值被大幅低估。

洛克伍德公司

　　洛克伍德（Rockwood & Co.）是一家巧克力片（用來製作巧克力餅乾）的生產商，長年虧損，但擁有大量可可豆庫存。此外，當年的可可豆

很值錢。如果洛克伍德公司在市場上賣掉可可豆，就必須繳很多稅金。為求退路，洛克伍德的董事，詢問葛拉漢紐曼公司（Graham-Newman Corporation）是否願意收購。不過，它們開出的價碼太高了。

於是，洛克伍德的董事又去找另一位知名投資人杰‧普利茲克（Jay Pritzker），問他想不想買下他們的公司。普利茲克想出一個方法，來迴避出售可可豆要繳的50%稅金。當時有一條新稅法，一家公司若縮減規模，部分出清庫存便不必繳稅。普利茲克買下控制股權，然後開始出清價值1,300萬美元的可可豆，但他不是把可可豆直接變現。他說，洛克伍德公司的股東，可以用每1股換取36美元的可可豆，當時的股價是1股34美元，由此產生了一個套利機會。葛拉漢明白這點以後，指示巴菲特買進洛克伍德的股票，想拿股票去交換可可豆，再出售可可豆，每1股便能賺到2美元。

洛克伍德公司不是交給出售股票的人一袋可可豆，而是一張倉庫憑單，證明持有這批可可豆。由於擔心憑單價格下跌，葛拉漢紐曼公司賣出可可豆期貨，保證在未來日期以固定價格，交付固定數量的可可豆，藉此鎖住他們的套利利潤。巴菲特一週又一週地買進股票，再賣出可可豆期貨。

巴菲特扭轉情勢

葛拉漢紐曼公司的套利交易進行得極為順利，但巴菲特認為，自己可以

做得更好。於是，他直接買進222股洛克伍德股票。他對這件事情的思考
邏輯如下：

◎該公司開價每1股可換80磅的可可豆。

◎洛克伍德持有的可可豆數量，遠多於流通股數能換取的數量。

◎因此，假如你是股東，但不把股票賣給洛克伍德，首先，你股票持有
　的可可豆數量，會大於公司出價的36美元；其次，別人出售持股後，
　你的每股可可豆數量也隨之增加。

◎除了可可豆之外，該公司還有廠房、機械、設備、現金、應收帳款等
　的價值，這些屬於該公司可獲利的部分，而且都保留下來了。

普利茲克也明白這些，而且很內行。巴菲特買進股票，就是表明他和普
利茲克站在同一陣營。

結局如何？

在普利茲克開價之前，洛克伍德股價為15美元。後來上漲到100美元。
巴菲特賺到1萬3,000美元。

學習重點

1. **重要的是全面思考一家公司的行動，以及這些行動對公司未來價值的影響**
   而不是只想到短期、近乎零風險的報酬。

2. **這些機會只會找上願意每天做好基礎功課的人，願意大海撈針的人**
   巴菲特檢視數千家公司，就是為了希望找到1或2家類似洛克伍德的金礦公司。

◉桑伯恩地圖（Sanborn Maps）

投資概況	時間（年）；巴菲特年紀（歲）	1958 ～ 1960；28 ～ 30
	買進價格（美元／股）	約 45（總額約 100 萬美元）
	數量（股）	24,000（相當於該公司股數的 22.8%）
	賣出價格（美元／股）	用桑伯恩股票交換股票投資組合
	獲利（%）	約 50

　　為葛拉漢（Benjamin Graham）工作2年之後，葛拉漢退休，巴菲特（Warren Buffett）也失業了。當時是1956年，巴菲特已累積大約14萬到17萬4,000美元（根據你參考的來源，金額可能有些出入）。他並不想找工作，只想找個穩固基地，讓自己可以思索及進行與美國公司有關的投資決策。他選擇回去奧馬哈（Omaha）。

　　回到奧馬哈後，25歲的巴菲特決定專心為自己操盤。他和6名（註❶）有限合夥人成立了一個小型投資合夥，大多是親朋好友，例如，他的姑姑愛麗絲（Alice）投入3萬5,000美元。這個投資合夥總共募集10萬5,000美元，巴菲特個人只投入100美元。他在自己臥室外頭的一個小房間工作。

註❶ 編按：7 名有限合夥人，應為原書誤植。

巴菲特是唯一決策者，由於擔心被抄襲，並未告知合夥人自己的投資標的。不過，他會製作投資績效的年度報告，他的妻子蘇珊（Susan Buffett）會在年度聚會時準備雞肉晚餐。

沒多久，其他投資人聞風而至，其中有一些是葛拉漢以前的投資人，想為他們的資金找個新家，巴菲特同意再設立幾個投資合夥，1962年全部整併成為巴菲特合夥事業有限公司（BPL）。

巴菲特合夥事業費用架構與績效

巴菲特認為，除非他的投資報酬，至少與合夥人安全借錢給別人所收回的報酬相當，否則就不該跟他們收費。因此，他說除非1年賺到4%，否則那年就不會跟合夥人收取績效費用（1956年～1961年期間）。然而，超過4%的報酬，巴菲特抽佣的比率就會更高。起初，這筆績效費用最高達到50%；1961年起，基本門檻變成6%，超過這個部分的績效費用為25%。

巴菲特給自己設定的目標，是在滾動的3年期間打敗道瓊工業指數（Dow Jones Index）；3年是他認為應該用以評判資金經理人的最短期間。表1說明巴菲特合夥事業1957年到1968年的績效；這是我們在1970年初、BPL清算之前，所能找到正確資料的最長期間。

從1957年到1968年這段期間，巴菲特沒有一年不賺錢。他的平均年報

酬率，在扣除他的費用之前，是道瓊工業指數的3倍。

　　等到合夥資金累積到數百萬美元之後，巴菲特為自己賺到很大一筆年費，他又將之投入合夥資金，擴大自己的股份，逐漸致富。

　　以下，正是巴菲特這段時期的投資案例之一。

桑伯恩地圖

　　桑伯恩地圖（Sanborn Maps）是一家時運不濟的公司。它以前專門為保險公司提供地圖，生意興隆。這些地圖呈現美國每個城市的電線、供水系統，以及建築的詳盡細節，以評估火災風險。隨著保險公司合併，購買桑伯恩詳細街道地圖的人愈來愈少。同時，評估與減少風險的現代方法也陸續引進了。

　　儘管如此，桑伯恩一年的營收仍有約200萬美元，而且維持獲利，雖然利潤由1930年代末期的每年50萬美元以上，減少到1958年及1959年的不到10萬美元。股價跟著利潤同步減少，由1938年的每股110美元，一路跌到1958年的45美元。公司市值因而縮水到470萬美元（每股45美元×10萬5,000股）。

　　重要的是，除了地圖業務之外，桑伯恩有一份投資組合，相當於1股65

表1 **扣除費用前，合夥事業年報酬為大盤的3倍**
──1957年～1968年巴菲特合夥事業績效

年度	道瓊指數報酬（％）	合夥事業報酬（％）	有限合夥人的報酬（扣除費用後，％）
1957	-8.4	10.4	9.3
1958	38.5	40.9	32.2
1959	20.0	25.9	20.9
1960	-6.2	22.8	18.6
1961	22.4	45.9	35.9
1962	-7.6	13.9	11.9
1963	20.6	38.7	30.5
1964	18.7	27.8	22.3
1965	14.2	47.2	36.9
1966	-15.6	20.4	16.8
1967	19.0	35.9	28.4
1968	7.7	58.8	45.6
1957～1968	185.7	2,610.6	1,403.5
平均年化報酬率（％）	9.1	31.7	25.3

資料來源：1969 年 1 月 22 日巴菲特致 BPL 合夥人的信

美元，換句話説，該公司持有大約700萬美元、可以孳生龐大收益的有價證券。

該公司持股非常少的董事，對公司只持有這份投資組合，他們已經很滿意了，至少可以固定領取薪資。他們甚至大膽在之前的8年期間，5度削減股息，而不去管公司持有的大量流動資財。

巴菲特買股，但需要掌控公司以實現變革

從以下這封1959年巴菲特寫給合夥人的信，我們可以看出他對桑伯恩的想法：

「實際上，這家公司（桑伯恩地圖）可説是一項投資信託，持有大約30或40幾檔優質證券。依據它們證券的市值，以及它們業務的保守估價，我們用大幅折價進行投資。」

自1958年11月到1959年，巴菲特為他的合夥事業買進桑伯恩股票。他也用他個人的資金買進桑伯恩股票，並鼓動友人去收購股份。他希望有愈多對他忠誠的人持股，因為他需要取得投票權，以推動必要的改變，以釋放公司的價值。

當然，透過他的合夥事業、個人帳戶和親朋好友，巴菲特設法買到足夠

的股數，讓他被選進董事會。其餘董事大多是保險公司代表，也就是桑伯恩的大客戶。

在初次參加董事會時，巴菲特提議讓股東得到公司投資組合的價值，而桑伯恩應該恢復地圖事業的獲利能力，藉由電子裝置，讓資料更方便用戶使用。保險公司的董事反對，但其他董事贊成。

巴菲特很生氣保險公司的董事成員，試圖阻撓他的意見，因此，他的合夥事業和親朋好友不斷收購股權，他甚至找上他的父親，說服他的證券經紀客戶也來投資。

最後，巴菲特取得足夠的股份，讓他可以掌控公司。他的合夥事業持有2萬4,000股，占桑伯恩股權的22.8%，他的夥伴另外持有21%。巴菲特已把合夥人35%的資金，投入在桑伯恩地圖。從巴菲特這封在1958年寫給合夥人的信，可進一步看出他的想法：

「雖然價值被低估的程度，並沒有高於我們持有的其他許多證券⋯⋯我們身為最大股東，在許多時候掌握巨大優勢，可以決定矯正價值低估需要的時間長短。在這檔個股，我們確信，績效將優於我們持股期間的道瓊工業指數。」

巴菲特動用這種權力，告知其他桑伯恩股東，假如不聽從建議，他將召

開特別股東大會，接管董事會。1960年，董事會同意使用投資組合，向股東買回持股。巴菲特的合夥事業賣出持股。巴菲特的合夥人賺得50%的利潤。巴菲特有以下的說明：

「大約72%的桑伯恩股票，這表示1,600名股東當中的50%，以合理價值交換投資組合的證券。這家地圖公司保留125萬美元的政府與地方公債，作為準備金……其餘的股東得到略微改善的資產價值、大幅提升的每股盈餘，以及增加的股息率。（註❷）」

註❷ 出自 1961 年巴菲特致 BPL 合夥人的信。

學習重點

1. 安全邊際

巴菲特在這裡顯然妥善運用了葛拉漢的想法。他用低於淨流動資產價值的水準買進股票，建立了安全邊際。他確信公司有獲利能力，如果改變業務或縮小規模，還能進一步提升獲利能力：確實如此，該公司時至今日仍在營運。持有這麼多股權，也取得另外一項保證：得以擁有決定公司方針的勢力。

2. 調度鉅額資金的龐大影響力

運用鉅額資金的一項優點是，投資人得以控制一家公司。隨著可調度的資金增加，投資人可鎖定現今不太可能被一小群主要董事掌控的公司。由此，我們看到29歲的巴菲特與他人合作，對抗老頑固董事會，以擴大股東價值。這需要巨大的動力和使命感，才能說服其他的「一致行動人士」（concert party），或是一群獨立股東：這取決於你怎麼看這些人。儘管巴菲特天性迴避衝突，在捍衛股東價值時，他可能極具戰鬥力。

登普斯特機械（Dempster Mill）

	時間（年）；巴菲特年紀（歲）	1956～1963；26～32
投資概況	買進價格（美元／股）	28（1961 年均價）
	數量（股）	35,700（相當於該公司股數的 70%）
	賣出價格（美元／股）	80
	獲利（美元）	約 2,300,000（報酬率 230%）

　　1962年1月1日，由個別合夥事業組成的巴菲特合夥事業有限公司
（BPL），初始的淨資產有720萬美元。巴菲特（Warren Buffett）幾乎把
他所有的個人資金都投入這個合夥事業，將近45萬美元。此外，他持有合
夥事業的一部分價值，因為他把收取的績效費用又投入進去。

登普斯特機械

　　登普斯特機械（Dempster Mill）是一家小型家族企業，設在內布拉斯加
州的貝特里斯（Beatrice）。它供應風車和灌溉系統。巴菲特從1956年開
始買進一些股票，當時每股16美元到18美元。該公司淨值（帳面價值）大
約450萬美元，相當於每股75美元。淨流動資產價值約為每股50美元，
年度營收約900萬美元。

股價會那麼低，是因為登普斯特一直處於小額獲利或虧損的狀態，公司的管理階層似乎不知道該如何矯正這種可悲的模式。此外，該公司負債龐大，產業的景氣又很差。巴菲特對登普斯特的說明：「過去10年的營運情況，是銷售停滯，庫存周轉率低，投入資本幾乎沒有獲利。（註❶）」

　　簡單來說，這是典型的葛拉漢式投資。有數種方法，可以由這類投資產生報酬。首先，該產業的景氣可能好轉；其次，可以改進或撤換管理階層；第3，可以清算事業；第4，可以接受購併出價。

　　巴菲特和友人瓦特・施洛斯（Water Schloss）和湯姆・納普（Tom Knapp），買進該公司11%股權，巴菲特加入董事會。他不斷買進，最後買下登普斯特家族的股權。巴菲特合夥事業在1961年年中成為主要股東，持有70%股票，價值100萬美元（一些巴菲特的友人則持有另外10%），巴菲特被指派為董事長。買進的平均價格為每股28美元。登普斯特持股占BPL資產的21%。

登普斯特的麻煩

　　該公司投資了很多不賺錢的事業，股東資金被大量投入在庫存與應收帳

註❶　出自 1963 年巴菲特致 BPL 合夥人的信。

款上。合理的做法是大幅瘦身，釋出資金以部署在其他地方，特別是用來購買其他上市股票。董事長巴菲特每個月從奧馬哈出發，到公司視察時，管理階層對要減少庫存的指示都點頭稱是，但之後都沒有下文。

現金短缺的情況十分讓人擔心，登普斯特的往來銀行考慮要關閉該公司，1962年時，再幾個月就要到無法收拾的局面了。巴菲特眼看必須跟合夥人解釋，他們的21%資產蒸發了。這可能成為他投資決策錯誤的大敗筆。然而，從一片黯淡之中，多虧他的朋友幫忙，巴菲特將登普斯特機械打造為值錢的企業。

查理・蒙格

1959年，巴菲特認識了查理・蒙格（Charlie Munger）。蒙格是同業人士，也是奧馬哈同鄉（但當時他人在加州），是少數可以跟得上巴菲特的思維，能好好討論事情的人。他們可說是一見如故。

蒙格曾是律師，對此，巴菲特說，法律這個職業，當成嗜好還不錯，但是蒙格作為投資人的話，會更出色。於是，蒙格在加州設立一個投資基金，經常打電話給巴菲特討論投資想法。1962年春天，他們討論到登普斯特的問題。當時蒙格認識加州一名強悍的經理人哈利・巴特（Harry Bottle），認為或許可以幫得上忙。巴菲特同意提供一份很大方的報酬方案（主要是獲利抽成），以說服巴特搬到貝特里斯來，結果，這筆錢花得很

值得。

王者回歸

1962年4月，巴特來到貝特里斯，找出登普斯特虧損的地方，然後進行裁員：這件事不容易，但是必須要做。當時，巴菲特派比爾・史考特（Bill Scott）這名新進員工前往貝特里斯，協助巴特把庫存加以分門別類。史考特以前是位銀行家，曾經參加過巴菲特的投資課程。巴菲特僅有的另外一名員工，則是他在奧馬哈凱威特廣場（Kiewit Plaza）小小新辦公室的一位祕書。

巴特及史考特修改登普斯特的銷售策略。他們賣出多餘的設備，削減庫存，關閉5家分公司，並調漲賺錢事業的售價：由他們獨家供應的商品，價格上漲了500%。他們也設立了一套成本資料系統。儘管工會和地方上反對，他們仍裁減了100人。損益平衡點幾乎下降一半，釋放出來的現金，由巴菲特投資在股票和債券。

談到實際運用的解決方案，巴特表示：「我沒辦法把庫存減少到可產生合理報酬率的水準。無奈之餘，我找來一個油漆工，在我們最大倉庫裡面的牆壁，從地板往上算10呎處，畫了一道6吋寬的白線。我把廠長叫來說，如果我走進倉庫，看不到成堆紙箱上方的那道白線，就會開除運輸部以外的所有人，直到那道白線露出來為止。我逐步把那道白線往下移，直

到達成令人滿意的庫存周轉率為止。（註❷）」

　　1962年初，庫存金額是420萬美元，一年後只剩160萬美元。另一方面，1961年11月30日、登普斯特會計年度結束的時候，該公司從有16萬6,000美元現金，以及231萬5,000美元負債，變成100萬美元的現金和投資（巴菲特合夥事業購買的種類），負債只剩25萬美元。1963年7月，股票和債券投資組合增值為230萬美元。此外，登普斯特現在業務賺錢；巴菲特在1963年至合夥人的信裡，提到每股至少價值16美元。

實現投資回報

　　巴菲特想賣掉這家公司，甚至在《華爾街日報》（Wall Street Journal）刊登廣告。貝特里斯鎮上的居民，面對可能又會有另一個外來者惡整他們的最大雇主，都嚇壞了，因此，1963年夏天聯合募資300萬美元，買下營運資產，成為登普斯特機械公司的持續經營者。這留下一個堆滿現金與投資的空殼公司，後來清算以償還股東現金，包括當時持股73%的巴菲特合夥事業。合夥事業的持股如今價值330萬美元，相當於每股80美元。巴菲特把他原先投入登普斯特機械的資金變成3倍。

註❷　出自《永恆的價值：巴菲特傳》（Of Permanent Value），安迪・基爾派翠克（Andrew Kilpatrick）著，第 139 頁。

學習重點

1.商業邏輯是一回事，而被別人討厭，往往是沉重的另一回事

整個鎮上都討厭巴菲特。他非常畏懼衝突和被討厭，發誓絕對不要再陷入須殘酷對待員工的情況。這解釋了他為何讓波克夏海瑟威不賺錢的紡織事業持續一段長時期，他偏好由他喜歡、信任與仰慕的經理人管理、可讓公司成長數10年的穩健企業，以及他習慣在公司起落時都持有股票。巴菲特喜歡建立長期的正面關係。

2.好的經理人可以創造奇蹟

巴菲特說過：「雇用哈利或許是我最重要的人事決定。登普斯特在前兩任經理人任內是個大麻煩，銀行覺得我們快要破產了。如果登普斯特倒閉，我的人生與財富從此將會非常不同。（註❸）」

3.耐心將得到回報

有關這點的最佳詮釋，莫過於引述巴菲特本人的說法：「我們的優勢是買進股票之後，可以有數個月，甚至數年的時間，無須理會價格波動。這說明要評估我們的績效，需要充足的時間。我們的建議是至少3年。（註❹）」

註❸ 出處同註❷。

註❹ 出自 1964 年巴菲特致 BPL 合夥人的信。

4.找出花用太多股東資金的公司，是很重要的

這樣的公司可能資本過剩。巴特證明登普斯特先前花掉太多資
金，因為在沒有募集更多資金下，1963年夏天，登普斯特只把
60%的資產投入製造事業，該事業的生產需求，只需那麼多；另
外的40%，可供巴菲特投資有價證券。1963年7月20日，巴特
在寫給登普斯特股東的信中談到這點：「在管理階層設法創造令
人滿意的資本報酬率時，資本過剩是一個重要的問題。」

5.買進價格是關鍵

如果你用夠低的價格買進，便能增加自己的勝算。如同巴菲特說
的，「絕對不要指望賣出好價格。只要買進價格夠理想，即使賣
出價格很普通，也能創造好的績效。（註❺）」

6.尋找定價能力

許多公司都暗藏定價能力。在登普斯特，管理階層以前不敢於漲
價。巴菲特生涯中，一再顯示他有能力找出因為客戶忠誠度，而
有可能漲價的公司。

註❺ 出自 1963 年巴菲特致 BPL 合夥人的信。

第 8 筆

◎美國運通（American Express）

投資概況	時間（年）；巴菲特年紀（歲）	1964～1968；33～37
	買進價格（美元／股）	均價約 71（總額 1,300 萬）
	數量（公司股數占比，%）	5
	賣出價格（美元／股）	約 180（總額 3,300 萬）
	獲利（美元）	20,000,000（報酬率 154%）

　　巴菲特（Warren Buffett）一直謹記投資操作的重要元素，如同葛拉漢（Benjamin Graham）強調的：

◎徹底分析一家公司。

◎安全邊際。

◎只預期令人滿意的報酬率。

◎獨立思考，就像市場先生（Mr. Market）故事所說的。同時，內在價值的觀念也很重要。

　　但我們要注意的是，這些原則可以運用在不同的價值型投資策略上。葛拉漢重視高淨流動資產價值，尤其看重安全邊際，以避免現今的公司營運失敗。但他也會同時預估獲利能力和穩定性，並注重經理人能力及誠信。

利用這項策略，巴菲特挑選過許多公司；我們已看過他在洛克伍德（Rockwood & Co.）、桑伯恩地圖（Sanborn Maps），以及登普斯特機械（Dempster Mill）的投資。巴菲特根據這項策略，挑選了其他股票，包括波克夏海瑟威（Berkshire Hathaway）。

強調重點的改變

1960年代初期，巴菲特發現他分析的許多公司，並沒有格外強健的資產負債表，按照葛拉漢投資策略會被擱置在一旁。他發現，在某些案例中，這種公司其實前景良好，因為它們有強大的經濟特許權（economic franchise），財務穩健，而且有著能力很強又誠實的經理人。

除了上述的原因之外，菲利普‧費雪（Philip Fisher）的影響（註❶），以及經常和蒙格（Charlie Munger）交談，都促使巴菲特投資策略有所進化。這並不表示巴菲特拒絕了葛拉漢的投資策略，而是表示在「價值果園」裡，有著許多種類的成熟果實。

我常聽到巴菲特與蒙格在年度股東大會上回答的問題之一是：「如果開

註❶ 我在《金融時報價值投資指南》（The Financial Times to Value Investing）及《卓越投資人》（The Great Investors）各有一章在討論費雪。各位或許也可以閱讀費雪的著作《非常潛力股》（Common Stocks and Uncommon Profits）。

始投資時的資金不到100萬美元的話，你們會怎麼做？」他們回答會選擇較小型的公司，因為這個領域有更多機會，可以找到價值被低估、淨資產價值高的公司。他們現在無法投資這麼小型的公司，因為必須投資數10億美元來提升投資績效，顯然，在投資數億美元時，買進及長期持有強勁特許權的公司，是比較合理的做法。

小型投資人可以用這兩種方法投資：用葛拉漢式的價值型投資，來投資市值小的公司，以及投資多為大型股的經濟特許企業股票。大型投資人無法投資大多數的淨流動資產價值公司，因為如果動用一定金額的資金，必然會造成他們買進的公司股價急遽波動。

巴菲特修正投資方法的一個案例，就是美國運通（American Express）。

美國運通

這個故事首先登場的，是一個騙子。他買下大豆沙拉油，存放在倉庫中。這種油每日會在商品市場報價，所以這個騙子拿他的沙拉油庫存作為擔保品，向51家銀行貸款。

美國運通經營存放油槽的倉庫，發出倉儲證明書，證明確實有沙拉油可供交易。眾家銀行感到安心，借出數千萬美元給這個騙子。

你可以看出這個故事的發展，對吧？這個簡單騙局的線索，就是油浮於水，或者，你也可以把沙拉油存放在油槽取樣口正下方另外隔出來的小空間中。

　　這個騙子發現，如果美國運通和其他銀行相信，油槽裡的沙拉油比實際數量多，他就可以借到更多錢。他在油槽裡注滿海水，最上頭浮著一層沙拉油。當美國運通或銀行檢查員過來時，他們會從上層取樣，而認定油槽裝著大量的沙拉油。

垮台

　　1963年9月，這個騙子愈來愈大膽，心想若他可以壟斷市場，會十分有賺頭，因為當時的蘇聯作物歉收，必須進口食用油。他用原先的貸款作為抵押，跟經紀商融資，買進沙拉油期貨。

　　沒想到，美國政府禁止出售沙拉油給蘇聯，價格崩跌。這個騙子在11月破產，銀行虧損超過1億5,000萬美元。他們轉而向美國運通求償，分析師擔憂其能否倖存，美國運通股價由64美元，重挫到38美元。

巴菲特的市場研究

　　1960年代初期，美國運通是旅行支票的全球龍頭，即使它的手續費高於對手，仍占有全球市場的60%；此外，它也是信用卡的全球龍頭。巴菲特到他最喜歡的一家奧馬哈餐廳，去觀察群眾。他發現一般人付帳時，仍

使用美國運通信用卡，完全不受華爾街沙拉油醜聞的影響。

巴菲特又去其他使用信用卡的餐廳和場所觀察：商家還是接受美國運通信用卡。他到銀行和旅行社，發現人們依然喜愛使用美國運通的旅行支票。他和美國運通的競爭對手溝通，了解它們仍舊視美國運通為勁敵。他詢問一些朋友，是否仍在奧馬哈以外的地方使用該公司的信用卡和旅行支票。當然，他們也還是看重美國運通的服務，不在意華爾街的騷動。

巴菲特因而下出結論，認為美國運通的經濟特許權完好無恙。這是一家擁有定價能力的公司，因為它獨占這個產業。它強勁的品牌與連結網路，抓得住客戶。儘管有沙拉油事件，人們仍然信任這個品牌。以往建立的信賴感（reliability），帶給它很好的商譽，並構成一項競爭優勢。此外，人們預付旅行支票時，也創造大量現金浮存金。不過，這不是葛拉漢式投資；美國運通的資產負債表太差，不符合條件。

大舉買進

1964年初，巴菲特合夥事業的資金達到1,700萬美元，巴菲特持有其中的180萬美元。他在不致大幅推升股價的程度內，盡量買入美國運通股票。同年6月，該合夥事業已持有近300萬股美國運通股票。

作為股東，巴菲特並不希望美國運通規避它在這件詐騙案應負的責任，因為他知道，這類公司的存亡取決於信譽；這正是它經濟特許權的核心元

素。最好是現在承受財務打擊，以保全信譽。巴菲特因而贊成以6,000萬美元，與求償銀行進行和解的計畫。他們後來達成和解，美國運通股價迅速回升。

等到11月，合夥事業已持有至少430萬股美國運通股票，1965年初，這個部位占了合夥事業資產將近1/3。巴菲特持續買進。1966年時，合夥事業投下1,300萬美元，買進美國運通5%股票。1967年時，股價上漲到180美元，巴菲特在此時賣掉大多數持股。

學習重點

1. 分析標的公司

有時，短期問題會拉低股價。在許多情況下，長期價值並不受影響。如果市場只專注在短期，就有機會在低價時買入特許權強勁、經理人優秀的好公司。

2. 遇到好機會便大手筆投資

假如遇到好機會，便投資大筆資金。巴菲特在這筆投資投入高達4成的資金。

3. 蒐集質化數據

做好你的「傳聞研究」（scuttlebutt research），也就是跟知道內幕的人聊天，不要聽信關在金融中心大樓裡那些分析師的意見。舊式帆船都有裝水的大木桶，船員們會聚集在那裡閒聊。木桶邊的資訊交流，以現代來說，可能是飲水機，不論是謠言或意見，評論或事實，都可能是有用的資訊。費雪使用這個用語，來表示出去跟了解公司的人談談。或許是競爭對手（例如，問：「除了你們自己，誰是業界的頂尖高手？」），也有可能是公司員工、供應商、客戶等。

第 9 筆

迪士尼（Disney）

時間（年）；巴菲特年紀（歲）	1966～1967；35～36
投資概況 買進價格（總額美元）	4,000,000
數量（公司股數占比，%）	5
賣出價格（總額美元）	6,200,000
獲利（美元）	2,200,000（報酬率55%）

　　1966年，迪士尼（Disney）股價不到前一年每股盈餘的10倍。換句話說，迪士尼的股價本益比（PE）不到10倍（註❶）。迪士尼1965年的稅前淨利約為2,100萬美元，市值介於8,000萬到9,000萬美元。此外，該公司現金多於債務。華爾街的想法卻是，儘管當時《歡樂滿人間》（Mary Poppins）賣座成功，迪士尼沒有什麼預定發行的電影，成長前景不佳；或許，股價就要下跌了？

巴菲特的行動

　　巴菲特（Warren Buffett）研究的一個重點是去電影院，跟一大群兒童一起觀賞《歡樂滿人間》。他親眼看到孩子們有多麼喜歡迪士尼的產品。他看到迪士尼擁有珍貴的舊電影，人們會不斷付費觀賞該公司的電影，一代

又一代。學例來說，《白雪公主》（Snow White）很棒的一點是，在製作完成、攤銷成本之後，電影就可以一遍又一遍地放映。每隔7年，就會有另一個年輕世代想看這部電影。此外，你可以把觀眾對角色的喜愛，運用在許多不同的地方，包括授權、書包、服飾和主題樂園。而且，不像湯姆‧克魯斯（Tom Cruise），米老鼠沒有經紀人，可能可以幫客戶爭取到電影特許權創造的大多數價值。

　　巴菲特及蒙格（Charlie Munger）也去了加州迪士尼樂園，四處逛逛，並且分析遊樂設施的價值。巴菲特遇見華德‧迪士尼（Walt Disney），稱讚他對工作的投入，以及具感染性的熱情。迪士尼帶巴菲特去參觀正在裝設中的遊樂設施，名為「加勒比海盜」（Pirates of the Caribbean）。單是這項設施的造價，便高達1,700萬美元，相當於該公司市值的1/5。巴菲特後來開玩笑說：「想想我的興奮程度吧！一家公司只值5項遊樂設施！（註❷）」

費雪及蒙格風格多一點，葛拉漢風格少一點

　　巴菲特重視迪士尼的無形資產，並不太理會資產負債表。他覺得單是影

註❶　本益比的詳盡說明超出本書範疇，如果你想了解更多，網路上有許多實用資源。請搜尋「本益比」。

註❷　出自 1995 年巴菲特致波克夏海瑟威股東的信。

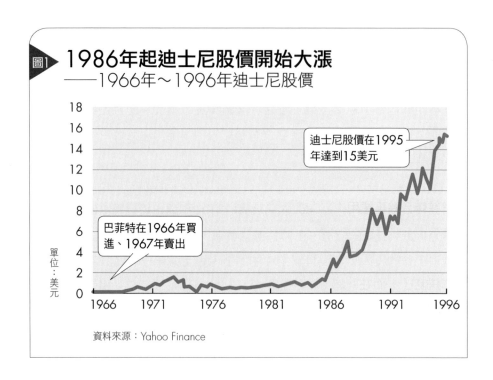

圖1 **1986年起迪士尼股價開始大漲**
——1966年～1996年迪士尼股價

迪士尼股價在1995
年達到15美元

巴菲特在1966年買
進、1967年賣出

單位：美元

資料來源：Yahoo Finance

片庫便值回票價了；即使這些資產都不算在資產負債表上，畢竟，電影被
視為零價值！巴菲特說明他的邏輯如下：

「1966年，人們說：『今年《歡樂滿人間》很賣座，但他們無法在明
年又推出另一部《歡樂滿人間》，所以獲利會下降。』我不在意獲利是否
真會下降。你知道《歡樂滿人間》再過7年又會推出……我的意思是說，
再也沒有比這個更好的系統了，你每7年就有新收成，而且每次都能收取

更高費用……我去見了華德‧迪士尼。我們坐下來，他跟我講公司的整個計畫；他真的是個好人。真的很可笑，如果他私下去找大型創投資本家，或是某家美國大公司，如果他是一個未上市公司，跟人家說『我希望你投資』……他們會根據3億或4億美元的估值買進。但事實是，這家公司每天在市場上說服（人們，說8,000萬美元是合適的估值）。基本上，大家都置之不理，因為大家對它太熟悉了。這種事定期在華爾街發生。（註❸）」

　　巴菲特合夥事業用400萬美元買進該公司5%股票。巴菲特在隔年用620萬美元賣掉。雖然獲利不錯，巴菲特出脫得太早了。巴菲特說：「決定（在1966年買進）是很明智的……但你們的董事長（註❹）做了抵銷這件事的決定（，而在1967年賣出）。（註❺）」他說的是，股價在1967年到1995年，共漲了138倍。

註❸　出自 1991 年巴菲特到聖母大學的演說。

註❹　編按：指巴菲特。

註❺　出自 1995 年巴菲特致波克夏海瑟威股東的信。

學習重點

1. 市場先生可能是笨蛋

並不是一直都這樣，但有時候就是。眼光要放長遠。機構投資人可能只看短期。要超越法人的話，就得思考一家公司在眼前的低迷結束之後，會是何種局面。

2. 只需多一點資本便能創造更多獲利的公司，可能就是金礦

迪士尼利用7年週期，重新發行受歡迎的經典電影給新一代青少年看，只需一點點額外的成本。該公司還能把電影特許權套用在新格式，由VHS到網路下載，同樣也只需要一點點額外成本。這類公司可以創造很高的已動用資本報酬率。

3. 研究傳聞

巴菲特去見了華德‧迪士尼，還到迪士尼樂園和電影院實地訪調該公司品牌和產品。

4. 在日常生活中觀察品質

一些公司的產品或服務品質很容易觀察，只要睜大眼睛就行了。

5. 不要太早賣出

巴菲特在1967年賣掉迪士尼股票，獲利55%，後來懊悔不已。假如他在後來的數十年長抱這些股票，還能賺到更多。

◉ 波克夏海瑟威（Berkshire Hathaway）

投資概況	時間（年）	1962 年到現在
	買進價格（美元／股）	14.86（市值 1,500 萬～ 1,800 萬）
	數量（公司股數占比，%）	起初為 7
	賣出價格（美元／股）	目前 245,000（市值超過 4,000 億）
	獲利（美元）	數 10 億

在19世紀，海瑟威公司（Hathaway Manufacturing Company）是一家位於麻州新貝德福（New Bedford）的賺錢棉紡公司。第一次世界大戰時，軍隊需要制服，該公司因此賺了大錢。然而，1920年代美國南方的廉價勞力搶走生意，又遭逢大蕭條（the Great Depression），造成新貝德福地區許多紡織廠倒閉。許多紡織工廠老闆，就拿著錢去別的地方投資了。

但有一家公司堅持留守紡織業，就是海瑟威公司。該公司自一戰結束之後，就由西伯里·史坦頓（Seabury Stanton）經營。他再投資了1,000萬美元，讓廠房現代化。史坦頓和他的兄弟奧提斯·史坦頓（Otis Stanton）甚至用個人名義貸款給公司，以提供可投資資本。

海瑟威公司改做人工纖維布料，像是人造絲，並成為男士西裝襯裡的主

要生產商，還兼做時裝及窗簾。但是該公司缺乏競爭優勢，因為它無法阻止新對手進入市場。最叫人氣餒的，是擁有低成本優勢的遠東製造商加入戰局。

然而，西伯里‧史坦頓非但沒有撤出資金，在壓力倍增時仍堅持紡織事業。後來，他加倍下注，並在1955年讓海瑟威與波克夏精紡公司（Berkshire Fine Spinning）合併。

波克夏

同樣設在新英格蘭的波克夏公司，150多年來，都由蔡司家族控制。該公司生產基本布料，以製造床單、襯衫、手帕等。麥爾坎‧蔡司（Malcolm Chace）從1931年起經營波克夏公司，但到了1955年時，他遺憾地認為，在新英格蘭紡織業追加投資只會有去無回。

相反地，史坦頓對自家管理團隊的能力信心十足，對合併後的資產負債表十分強健感到放心。他擔任合併後公司的總裁，而蔡司擔任董事長。合併後的公司有1萬名員工、14座廠房，而全年營收1億1,200萬美元。史坦頓訂購新的紡錘，重建織布機。

然而，史坦頓將信心寄託在錯誤的地方，接下來的10年，公司陷入愈來愈深的困境。

1955年以後走下坡

我有一次跟巴菲特（Warren Buffett）與蒙格（Charlie Munger）會晤，我們3人瀏覽這個時期波克夏海瑟威公司的資產負債表。蒙格說，1960年代的資產負債表規模很小（巴菲特當時接掌該公司）。巴菲特彎下身子，仔細看了一下。他說：「那是1955年資產負債表！」並指著另一頁說：「那才是1964年的；規模還要更小！」

表1顯示1955年波克夏海瑟威公司的簡化資產負債表，我拿這份表格給蒙格和巴菲特看，蒙格說這規模看起來很小。

1955年之後的9年，營收累計約為5億3,000萬美元，卻出現虧損。該公司在那9年期間，資產負債表縮減了一半以上。表2就顯示這種情況。

營運虧損是公司走下坡的部分原因，但更主要的，是來自配發股東股利和實施股票回購的錢。那段時期，該公司支付1,300萬美元，買回稍微多出一半的股票。表3顯示，1964年10月的簡化資產負債表。

西伯里·史坦頓的弟弟奧提斯，並不同意再繼續投資紡織業，這造成衝突。另一個衝突原因，是西伯里毫無經驗的兒子傑克（Jack Stanton）被晉升為財務長，目標是讓他最終能成為總裁。蔡司家族和奧提斯都認為，傑克不是理想人選，於是另外找尋替代人選。

1955年波克夏海瑟威市值約3,200萬元
——1955年9月波克夏海瑟威公司簡化資產負債表

資產（美元）	
現金	4,169,000
有價證券	4,580,000
應收帳款及庫存	28,918,000
淨房地產、廠房與設備	16,656,000
其他資產	1,125,000
負債（美元）	
應付帳款和應付費用	-4,048,000
股東權益（流通股數 2,294,564；帳面價值每股 22.40 美元）	51,400,000
1955 年初股價	約 14～15
市值	約 32,000,000

 1964年波克夏海瑟威股東權益較1955年減半
——1955年～1964年波克夏海瑟威股東權益

1955.09.30 股東權益	51,400,000
新增資本公積	888,000
1956～1964 累計營運淨損	-10,138,000
1956～1964 支付現金股利	-6,929,000
實施股票回購	-13,082,000
1964.10.03 股東權益	22,139,000

註：單位皆為美元

表3 1964年波克夏海瑟威現金僅剩92萬美元
——1964年10月波克夏海瑟威公司簡化資產負債表

資產（美元）	
現金	920,000
應收帳款及庫存	19,140,000
淨房地產、廠房與設備	7,571,000
其他資產	256,000
負債（美元）	
應付帳款和應付費用	-3,248,000
債務（應付票據）	-2,500,000
股東權益（流通股數 1,137,778；帳面價值每股 19.46 美元）	22,139,000

霸道的西伯里造成最嚴重的衝突是，他打破紐約猶太家族之間的默契，也就是在生產鏈中，這些家族過去負責完成他工廠生產的布料（染色及加工）。但他自行設立加工作業，與這些家族競爭。從事布料加工與成衣製造的猶太人十分不悅，來自紐約的訂單因而減少，該公司每下愈況。

到了1950年代後期，以及1960年代初期，這個產業的景氣變得很糟，甚至連西伯里‧史坦頓都贊成關閉不賺錢的紡織廠及釋出現金。直至1961年的6年期間，14家工廠有半數被關閉，員工人數減少到只剩5,800人。1962年，波克夏海瑟威虧損220萬美元，股價跌破8美元，市值不到

1,300萬美元。

巴菲特登場與「極為愚蠢」的決定

　　1950年中期，葛拉漢（Benjamin Graham）及合夥人紐曼（Jerry Newman），便密切注意波克夏海瑟威。畢竟，它的股價貼近每股淨流動資產價值——這是他們投資的重要指標。巴菲特自該公司在1955年合併之後，也在一旁觀望，但一直等到1962年12月股價跌到7.5美元，他才為巴菲特合夥事業買進一些股票。當時，按照巴菲特在2014年的股東信表示，波克夏海瑟威的每股營運資本是10.25美元，每股帳面價值20.2美元。波克夏海瑟威營業額約為6,000萬美元，但只剩下5座紡織廠。

　　由於波克夏海瑟威股價持續低於淨流動資產價值，巴菲特加碼買進。當時，他並無意接管該公司。這是典型的葛拉漢「雪茄屁股」（cigar butt）投資策略：股價低到一定程度，任何績效波動，或是有熱切買家買進股票，都可以提供獲利了結的機會。根據巴菲特的說法，「被扔在街上的雪茄屁股仍有餘燼，可能抽不到一口，但『逢低買進』也足以讓餘燼獲利。（註❶）」

　　西伯里．史坦頓已啟動關廠以釋出現金，接著實施股票回購的模式。巴菲特的計畫便是從下一波股票回購獲利。沒多久，又有2家工廠關閉，預定將買回更多自家股票。

致命的股票回購

史坦頓決定在1964年春天結束股票回購。該公司發行股數為158萬3,680股，巴菲特合夥事業持有其中的7%。在公開宣布實施股票回購之前，史坦頓和巴菲特晤談，詢問巴菲特合夥事業願意用什麼價位賣出。巴菲特回答11.5美元；比他的買進價格高出50%。巴菲特後來說：「這正是我的免費一口菸，在這之後，我可以去別的地方，尋找其他被扔棄的雪茄屁股。（註❷）」

「好，我們就這麼說定了，」史坦頓說。但幾天之後，在1964年5月6日，史坦頓寫信給全體股東，出價買回22萬5,000股，但價格只有11.375美元，比他跟巴菲特談好的價格，少了1/8個百分點。

巴菲特說：「我對史坦頓的行為氣炸了，並未接受出價。（註❸）」他後來明白，這是一個極為愚蠢的決定：這個產業景氣糟到不行，波克夏海瑟威完全有可能持續虧損。合理的做法是堅持原定計畫，迅速獲利了結。但巴菲特對史坦頓的偷吃步十分光火，不但不賣出，反而加碼買進，而且，是以掃貨的方式買進。買進的均價是14.86美元。「反映1965年初的大

註❶ 出自 1989 年巴菲特致波克夏海瑟威股東的信。
註❷ 出自 2014 年巴菲特致波克夏海瑟威股東的信。
註❸ 同註❷。

量買進。1965年12月31日，該公司光是淨營運資本，便達到每股19美元，（註❹）」後來，巴菲特說明了當時的情況。

巴菲特買入的股票，包括史坦頓的妹婿，以及麥爾坎‧蔡司（董事長）持有的股票。1965年4月，在已發行的101萬7,547股票中，巴菲特持有39萬2,633股。憑著38.6%的股權，他在5月一場董事會上掌控了公司；此時的市值，約為1,800萬美元。

如今，讀到巴菲特自己說明的情況，實在有趣：「由於西伯里和我幼稚的行為；畢竟，1/8個百分點，對我們有什麼意義？對他來說，是丟了工作；我則是把巴菲特合夥事業的25%資金，投入在一家我所知甚少的沒落企業。（註❺）」

巴菲特合夥事業的2,200萬美元資金，每一分錢都必須用來維持這家紡織公司的營運，因為該公司並沒有多餘的現金，還背負了250萬美元債務。在1998年7月20日出刊的《財星》（Fortune）雜誌一篇報導中，巴菲特表示：「我們只因為它便宜，而介入一家狀況很糟的企業。」他後來說，原先以為坐擁雄厚的營運資本，原來不過是幻象。波克夏海瑟威不但是雪茄屁股，而且還是泡水的雪茄屁股。真是興建日後事業帝國的不起眼原材料啊！

但今日，波克夏海瑟威是全球最大企業之一；而1965年的1,200位股

東中，有很多人在巴菲特掌控的20年內便成了百萬富翁。他如何從當年走到今日，是一個迷人的故事，充滿實用的經驗教訓。我們首先要說明巴菲特如何找到合適的領導人，並完全信任他的重要故事。

1965年，波克夏海瑟威的關鍵人物不是巴菲特，而是一位由底層做起的製造經理人。他是巴菲特能適應這家公司，並讓他有時間規畫必要轉型的關鍵。

拜訪企業總部

身為最大股東的代表人，巴菲特應邀去參觀紡織廠：這是在1965年5月董事會政變之前的事。傑克·史坦頓給巴菲特看了一些會計資料，但忙到沒空帶他參觀工廠。這真是一大失策！

肯恩·查斯（Ken Chace（註❻））被指派帶巴菲特去參觀。當時40幾歲的查斯個性直率，在這家公司從基層做到製造經理人的職位。而奧提斯·史坦頓和麥爾坎·蔡司早已私下看中查斯，認定他可以作為執行長的接班人。

註❹ 出自 1966 年巴菲特致波克夏海瑟威股東的信。

註❺ 出自 2014 年巴菲特致波克夏海瑟威股東的信。

註❻ 編按：英文姓氏雖同為 Chace，但是與麥爾坎·蔡司並沒有親戚關係，此處為方便辨別，譯為「查斯」。

查斯和巴菲特陸續談了兩天。巴菲特想了解公司的每個層面，尤其是解決低獲利的問題。他想知道所有的問題，以及查斯打算解決的方式。查斯的坦誠吸引了巴菲特。

　　自從登普斯特機械事件之後，巴菲特明白，陷入困境的公司，必須由合適的人來經營才能成功。他必須確認，這個人是兼具才能又正直，可以照顧到股東利益的人嗎？巴菲特認為，謙遜的查斯正是那種人。

但查斯另有打算

　　查斯早就另覓他職，因為他太明白波克夏海瑟威沒有前途可言。他已跟一家同業洽談要跳槽。波克夏海瑟威的銷售副總裁史丹利·魯賓（Stanley Rubin）認識巴菲特，也知道或猜想他很快就會掌控該公司，他也推測巴菲特之後希望查斯來主持公司。因此他在1965年初打電話給查斯，懇求他不要辭職。1965年4月，查斯和巴菲特在紐約晤談了10分鐘。巴菲特告訴查斯，希望他能擔任波克夏海瑟威總裁。巴菲特解釋說，自己持有足夠的股權，可以在下次董事會控制公司，但請查斯在這之前對這次談話保密。

　　當時巴菲特明白表示，查斯會全權負責經營公司，巴菲特不插手日常管理。其實，巴菲特在他掌控的公司裡，扮演的角色有3個層面：

1.資本配置。
2.挑選重要經理人和思考合適的獎勵方案。

3.鼓勵表現優異的經理人。他不參加例行性會議或簡報，卻喜歡閱讀來自營運單位的資料。

巴菲特早已說服許多老波克夏公司的蔡司家族成員（記得，查斯不屬於這個蔡司家族），把他們的持股賣給巴菲特。奧提斯・史坦頓也同意出讓持股，條件是巴菲特跟他哥哥西伯里提出相同的邀約。1965年春天，波克夏海瑟威只剩下2座廠房，以及2,300名員工。在5月的董事會上，西伯里辭職，帶著兒子傑克憤而離席。肯恩・查斯獲選為總裁。史坦頓投票支持改革，留任董事會。不到幾年，巴菲特合夥事業便持有將近7成的波克夏海瑟威股票。

但你要怎麼處理一家事業沒落、員工悲觀的新英格蘭小型紡織公司？這真是一大難題。

波克夏海瑟威：一位老闆、一位總裁，以及無用的事業

1965年，巴菲特必須專心在奧馬哈經營他的投資合夥事業。即使他的合夥事業有很高比率的資金投資在波克夏海瑟威，他仍必須分析數百家其他公司，挑選投資組合的持股。

巴菲特對如何經營紡織公司毫無頭緒，但他有一名新貝德福土生土長、一輩子都在這個產業工作的人擔任公司總裁──肯恩・查斯。身為執行董

事會主席，巴菲特是真正的老闆（麥爾坎‧蔡司留任董事長）。

巴菲特帶領波克夏海瑟威進行8個階段的重整，或者說，是下了8道命令。以下，就是這8個階段：

1.消除清算者名聲

當年關閉登普斯特機械（Dempster Mill）一些工廠，以及裁員上百人，造成貝特里斯居民憎恨他，讓巴菲特極為受傷。

他立即向新貝德福媒體表示，該公司將照常營運，不會關閉工廠。在幸運女神的眷顧下，波克夏海瑟威正好遇上人造纖維服飾市場好轉。看起來，公司就要恢復獲利了：它們也確實獲利了2年（只有2年！）。

2.分配職責

巴菲特說到做到：凡是與公司經營有關的任何事，都由查斯決定。巴菲特的工作是管理資金。

3.獎酬方案

巴菲特不喜歡配發高階經理人選擇權，因為它們提供報酬卻不附帶下檔風險，還慫恿經理人拿股東的錢去下注。相反地，他提議查斯買下1,000股。查斯年薪只有3萬美元，拿不出這筆錢買股票。巴菲特提議借給他買股所需的1萬8,000美元，查斯同意了。查斯對自己作為經理人及對新老闆

巴菲特，展現出無比信心，相信巴菲特可能在這家小公司拚出大事業。

4.聚焦在已動用資本報酬率

巴菲特跟查斯解釋，他沒有特別在意紡織廠的產量，或是營收及股價。而且，單看獲利不足以設定一家企業的目標。

這個邏輯是，如果沒有同時考量到股東投入的資金，光是評估獲利規模還不夠。換句話說，真正重要的，是已動用資本報酬率（return on capital employed）。查斯的表現，會用這個指標進行考核。

巴菲特說：「我寧可有一家獲利15%、規模1,000萬美元的企業，也不要有一家獲利5%、規模1億美元的企業。我的錢有其他去處。（註❼）」

5.釋出現金

巴菲特明白表示，既有現金並沒有為波克夏海瑟威公司創造足夠的報酬。查斯的任務是盡量釋出現金。因此，他被要求提出每月財務報告。

6.盡早告知壞消息

查斯被囑咐說，萬一有壞消息，要提早警告巴菲特。

註❼ 出自《巴菲特：從無名小子到美國大資本家之路》（Buffett: The Making of an American Capitalist），作者為羅傑·羅溫斯坦（Roger Lowenstein）。

7.稱讚重要人士

人們對受到稱讚會有回應；如果他們的工作表現良好，稱讚他們也是應該的。巴菲特從來不會忘記讚揚他的企業經理人表現良好。在1966年寫給合夥事業的信裡，巴菲特說明波克夏海瑟威公司投資案，並告知合夥人此公司有「優異的管理」，以及「波克夏很高興擁有……我們非常幸運能有查斯經營公司的一流態度，我們也有數名最佳銷售人員，可負責他們各自的部門。」

8.巴菲特是唯一可配置資金的人

有鑑於以往該公司把資金全數投入紡織業，巴菲特必須控制資金。他對其他產業有更多的了解和知識，因此可以在更廣大的範疇進行配置，並利用這筆資金，做出一些好的投資。

最初的兩年

巴菲特掌管的最初兩年，波克夏海瑟威公司是有獲利的。儘管查斯為該公司的潛在投資，提出看起來很棒的預測，但最終投入工廠的資金卻很少。巴菲特不明白有什麼理由，可以使該公司未來的報酬，不會重蹈以往糟透了的平均報酬率。

查斯設法完成他的任務，釋出被鎖在庫存和非流動資產的現金。起初發放微薄的股利，後來便取消，因此節省了現金。

一些業務嚴重虧損，所有人都看得出來，再繼續做下去就太傻了，例如細棉紗部門，約占該公司產出的10%。該部門裁減，損失數百份工作。

1967年初，現金累積到一定程度，1966年的年度報告暗示說，公司可能有更多未來的收入來源，「本公司一直在找尋合適的收購，可能在紡織領域，也可能不是。」

我們將在下一章，看到其中一樁出色的收購案。

學習重點

1.不要情緒化

巴菲特動怒,害他掌控一家掉進坑洞裡的企業7成股權。他後來必須設法脫離困境;他做得好極了,而且運氣也不錯,因此得到好結局。但如果一開始就用高級的原始材料,應該會做得更好。

2.能力好又正直的經理人極為重要

經營企業的明智方法,是確保重要人物受到充分激勵,因此,經營目標與財務獎酬方案應該簡單(兩句話就夠了,獎勵方案裡頭,不需要附上報酬顧問的數頁報告),如果股東權益受到照顧,就應該得到豐厚報酬。巴菲特在波克夏海瑟威所做的是很好的示範。

3.重新配置資本

一家企業並非一定要投資本業。其他地方或許可以獲得更好的已動用資本報酬率。

4.與跟你接觸的人好好相處

1965年後的20年期間,有許多時候,波克夏海瑟威應該做出冷酷而理性的事情是關廠,以及把資本配置到更具生產力的投資。但巴菲特著眼於長期,並且照顧勞工。他的正直名聲,出於他的

慷慨天性，而不是後天的影響，這是一項重要的事業資產。許多想要出售事業的家族，在波克夏的大家庭裡受到歡迎，在這裡，永續、長期價值和誠實，一向是重要的口號；而出脫資產與其他形式的短視近利，則是令人反感的。儘管數10年前便已把股權賣給了波克夏，數十位家族成員至今依然忠誠地經營這些公司。他們已成為億萬富翁，但喜歡與朋友巴菲特共事，後者給他們管理的自由、尊重、稱讚，以及一種使命感。

第11章

◎國家保障公司（National Indemnity Insurance）

投資概況	時間（年）	1967 年到現在
	買進價格（美元）	8,600,000
	數量（公司股數占比，%）	100
	賣出價格（美元）	目前價值數 10 億
	獲利（美元）	數 10 億

　　複習一下目前的進度。我們目前講到在1965年到1967年時，巴菲特（Warren Buffett）的資金來源，也就是巴菲特合夥事業（Buffett Partnership Ltd.），有介於3,000萬到6,000萬美元的資產。其中，巴菲特收取的費用，約是這個數額的1／5。他的合夥事業成為波克夏海瑟威（Berkshire Hathaway）這家虧錢的紡織公司大股東，這家公司淨資產約2,200萬美元，市值差不多也是這個規模。波克夏海瑟威在這段期間創造了一些獲利，但巴菲特明白，這家公司永遠無法創造令人滿意的長期已動用資本報酬率。

　　巴菲特指示說，所有的紡織資本投資，都必須得到他的批准，資金必須盡可能從庫存與應收帳款釋出，同時維持工廠營運。只要經理人及員工願意努力實現利潤，巴菲特就不想關廠：結果，持續了20年。

巴菲特的時間大多投入在替合夥事業基金找尋新投資，但他也必須思考波克夏海瑟威的出路。他定期跟波克夏海瑟威總裁肯恩・查斯（Ken Chace）通電話，討論波克夏海瑟威的營運如何產出現金。

傑克・林華德

　　在投資合夥事業的最初，1950年代中期，巴菲特便接觸過一位奧馬哈的名人，勸說對方投資一些資金。這個人是傑克・林華德（Jack Ringwalt），他創建了一家保險公司，因而發達致富。雖然巴菲特當時看起來像個毛頭小伙子，林華德仍說他可以投資1萬美元。但巴菲特拒絕了，他說林華德必須投入5萬美元，他不接受低於這個數目的資金！

　　從大學輟學的林華德，是一位精明的企業家，他回答：「假如你以為，我會讓你這種毛頭小伙子，管理我的5萬美元資金，你一定比我想像的還要瘋狂。（註❶）」他取消投資1萬美元的提議。幾年以後，他回想這5萬美元若交到巴菲特手上會如何，得出的結論是，20年後會達到200萬美元。

　　由1950年代到1960年代初期，巴菲特觀察林華德的國家保障公司（National Indemnity Insurance）日益壯大。直到1967年2月，他終於有

註❶　出自傑克・林華德回憶錄，《國家保障公司及創辦人傑克・林華德的故事》（Tales of National Indemnity and Its Founder Jack D. Ringwalt）。

機會參與這家經營完善企業的未來成長。收購該公司，使得波克夏海瑟威得以轉型，走向偉大的道路。

國家保障公司

傑克・林華德和他的兄弟亞瑟・林華德（Arthur Ringwalt），在1940年創立國家保障公司，因為他發現兩家奧馬哈計程車公司，找不到業者願意承保責任險。國家保障公司最初有4名員工，包括兄弟2人。他們看到為非標準風險提供保險的巨大潛力；而這些是大型保險公司會避開的領域。傑克・林華德的格言，反映出每種合法風險，都有它適當保險費率的理念：「沒有所謂的差勁風險，只有差勁的保險費率。」

這表示有較高風險的保險種類，例如，長途卡車、計程車、出租車輛和公共巴士，只要保費高到足以彌補風險，都不該胡亂拒保。國家保障公司不只承保車輛，還進一步承保一些極為特殊的項目，包括：

◎馴獸師和馬戲團其他表演者。
◎舞孃明星的腿。
◎廣播電台尋寶：如果有人根據線索找到藏匿的物品，由國家保障公司付費。

林華德因小氣而聞名，像是習慣隨手關燈，以及午餐時不穿西裝，以免

放到衣帽間還要付小費。這些是追尋真正價值的人會流露的習性，因此，不意外地，林華德是巴菲特欣賞的類型。林華德的其他方面也令人喜愛，例如，他的智慧和商業知識；他知道何時該冒險，何時該後退，他的尺寸拿捏得宜。林華德和巴菲特因此成為朋友。

1967年2月，國家保障公司承銷大量保險，浮存金達到1,730萬美元。這筆錢是收到的保費，但尚未用來支付理賠金或營運開銷。如果保費源源不絕流入，並維持承保紀律（意思是「沒有低報保費」），浮存金便會保持在1,730萬美元，這個金額甚至還會成長。

林華德自認是個投資高手，想為那筆浮存金找尋投資去處，以便為公司提供額外的收益來源。巴菲特認為，他可以做得比林華德好。他心想，如果保險事業只是損益兩平或小幅虧損，他只要把一部分的浮存金拿去投資股票，也可以從該公司賺到不少錢。

一如往常，巴菲特覺得有必要擴大他的能力範疇，納入保險業。因此，他花了很長的時間，在圖書館研究保險的機制與邏輯。最後，他跟林華德提議，希望他出售國家保障公司。

交易

如果不是查爾斯・海德（Charles Heider）這位也出身奧馬哈的人，國

家保障公司的交易或許永遠不會成交；海德是一名奧馬哈股票經紀人，1950年代初期，跟巴菲特是競爭對手，兩個人的工作都是遊說有錢人，跟他們所屬的券商交易股票。

　　海德十分欣賞巴菲特，因而成為巴菲特投資合夥事業的最早投資人之一。巴菲特是後起之秀，1960年代才建立投資基金；海德則是市場老手，在奧馬哈備受尊崇。他們不時會談話。有一次，就聊到傑克‧林華德和國家保障公司，海德擔任該公司董事。他跟巴菲特說，有時林華德會對整個事業感到氣惱，通常是讓他生氣的客戶理賠案件之後，在那種時候，他就會想要放手，賣掉整個事業。但海德說，林華德每年大約只有15分鐘，會處在這種氣惱的狀態。

　　這句話聽在巴菲特耳裡，簡直美妙極了。他說，下次林華德想要出售事業時，海德一定要打電話給他。同時，巴菲特要求林華德，把寄給一小撮外部股東的資訊也寄給他。林華德誤以為巴菲特是想討好他，才對該公司如何管理浮存金投資感興趣。他以為巴菲特可能想跟他學習要投資哪些股票，便同意把資訊寄給他。當然，巴菲特真正感興趣的，是事業的營運，從林華德寄過來的資料，他對該公司多年的歷史留下印象。

1967年2月

　　海德擁有撮合鉅額股票的名聲，1967年初，他接到林華德打來的電話，詢問他能否用1,000萬美元的價格把公司賣了。按照先前的承諾，海

德立即打電話給巴菲特。當天下午便舉行了會議，時間很短，因為林華德正準備回家，隔天就要去休假了。巴菲特詢問出售公司的事，對話如下：

巴菲特：「為什麼你始終沒賣掉公司？」

林華德：「因為都是騙子和破產的傢伙想買。」

巴菲特：「還有其他理由嗎？」

林華德：「我不希望其他股東得到的每股獲利，少於我拿到的。」

巴菲特：「還有呢？」

林華德：「我不希望出賣我的保險經紀人。」

巴菲特：「還有呢？」

林華德：「我不希望我的員工擔心丟掉飯碗。」

巴菲特：「還有呢？」

林華德：「我很自豪這是一家奧馬哈公司，我希望它留在奧馬哈。」

巴菲特：「還有呢？」

林華德：「我不知道……，這些還不足夠嗎？」

巴菲特：「你的股票值多少錢？」

林華德：「根據《世界先驅報》（World-Herald，奧馬哈當地的報紙），市價是每股33美元，但股票價值每股50美元。」

巴菲特：「我買了。」（註❷）

註❷ 出自傑克‧林華德回憶錄，《國家保障公司及創辦人傑克‧林華德的故事》（Tales of National Indemnity and Its Founder Jack D. Ringwalt）。

林華德沒想到這點：他沒料到巴菲特想買這家公司。他也已經冷靜下來，恢復心情，並不確定自己想賣掉公司。林華德後來說：「但我想，巴菲特先生至少有著正直的名聲、財務健全，這或許不是壞主意。我還想，反正我待在佛羅里達州的時候，他或許會改變心意。（註❸）」

　　但巴菲特已經打定主意。在那個星期，他便準備好文件（只有1頁的合約），以及隨時可付款的資金；他不要有任何拖延，以免林華德改變心意。其實，巴菲特認為林華德已經改變心意，不過他也明白林華德是個誠實的人，不會毀約；儘管有一段很短的時間，林華德確實試圖阻止巴菲特收購。

　　林華德休假回來沒多久後，就簽約了。他開會遲到了10分鐘，大家開玩笑說，他開車四處繞，想找個還有剩下時間的路邊停車收費表，不改小氣本色。傳聞說，他其實還沒有確定要賣掉公司。最後，波克夏海瑟威用860萬美元收購該公司。

巴菲特掌控國家保障公司

　　巴菲特有高強的本領，可以留住有才能、有經驗的人才。他不介意他們逐漸老邁，因為他們的知識、判斷和人脈，往往是企業成功的關鍵。況且，巴菲特有數不清的投資標的要思考；他無法應付經營一家公司的日常細節。

巴菲特勸林華德繼續留在公司工作。巴菲特給他優渥的報酬，培養兩人的友誼。林華德以為他只會待30天的交接期，結果最後續任了6年。他說：「我發現巴菲特是非常體貼的董事長，我又在公司待了6年，而當時，我已遠超過65歲的一般退休年齡。（註❹）」林華德很明智地使用出售國家保障公司的部分資金，買進波克夏海瑟威的股票，因此又賺了一筆財富。

那麼，國家保障公司有競爭優勢嗎？

談到國家保障公司的競爭優勢，我們先來看巴菲特在2004年寫給波克夏海瑟威股東的信：

「我們買下該公司的時候，這家擅長商業汽車和綜合責任保險的公司，似乎沒有任何特點，可以克服這個產業的沉痾。它不是家喻戶曉，不具資訊優勢（該公司從來沒有保險精算師），也不是低成本業者，而是透過一般經紀人銷售保單，很多人認為這種方法早已過時。然而，過去38年來，國家保障公司幾乎一直都是績效佼佼者。其實，假如我們沒有進行這件收購，波克夏能有今日一半的價值就算走運了。

我們的管理思維，是大多數保險公司無法複製的。請看（表1）」。

註❸ 出處同註❷。
註❹ 出處同註❷。

1986年～1999年承保保費大幅下滑
——國家保障公司財務數據

年度	承保保費 （百萬美元）	該年年終時的 員工人數（人）	營運支出與承保 保費比率（％）	承保利潤／虧損 占保費比率（％）
1980	79.6	372	32.3	8.2
1981	59.9	353	36.1	-0.8
1982	52.5	323	36.7	-15.3
1983	58.2	308	35.6	-18.7
1984	62.2	342	35.5	-17.0
1985	160.7	380	28.0	1.9
1986	366.2	403	25.9	30.7
1987	232.3	368	29.5	27.3
1988	139.9	347	31.7	24.8
1989	98.4	320	35.9	14.8
1990	87.8	289	37.4	7.0
1991	88.3	284	35.7	13.0
1992	82.7	277	37.9	5.2
1993	86.8	279	36.1	11.3
1994	85.9	263	34.6	4.6
1995	78.0	258	36.6	9.2
1996	74.0	243	36.5	6.8
1997	65.3	240	40.4	9.4
1998	56.8	231	40.4	6.2
1999	54.5	222	41.2	4.5
2000	68.1	230	38.4	2.9
2001	161.3	254	28.8	-11.6
2002	343.5	313	24.0	16.8
2003	594.5	337	22.2	18.1
2004	605.6	340	22.5	5.1

一家紀律分明的保險公司

「你能想像有哪一家上市公司，可以接受造成我們在1986年到1999年營收下跌的商業模式嗎？必須強調的是，這種巨幅營收下滑，並不是因為做不到生意。假如我們願意砍價的話，國家保障公司可以賺到數10億美元的保費。但我們堅持可獲利的定價，而不跟隨我們最樂觀的對手。我們從未離開客戶，而是他們離開我們。」

上述巴菲特的話可以這麼解釋：許多保險公司會虧損，是因為它們追逐生意，壓低收取的保費。這些公司的經理人，往往不願放棄營業額和市占率。他們想要維持龐大的人員，所以衝高營業額。這形成保險利潤循環，當保險商因低價保單而虧損，許多公司會破產或被迫縮減，最後調高保費，於是開啟另一個循環。

巴菲特打破一般的心態，他表示，如果是因為不願跟進對手殺價，而導致營業額下跌的話，便不會實施強制裁員。這會形成短期成本，但就長期獲利的企業文化來說，公司可以獲得寶貴的好處。國家保障公司有卓越的承保紀律，這表示浮存金是沒有成本的，因為保險事業每年都有獲利，或只是小幅虧損。

無成本的浮存金不斷增加，以及巴菲特運用浮存金去投資的能力，是造就他成功的重要因素。就像巴菲特說的那樣，波克夏海瑟威旗下的大多數

事業都是保險公司,並不是偶然的。

巴菲特對國家保障公司交易的定論:失策

巴菲特表示,他進行國家保障公司交易的方式,是比收購波克夏海瑟威還要嚴重的失誤,並且說「是我生涯中最慘重的」。這句寫在2014年致波克夏海瑟威股東信的自我貶抑,需要一些解釋。了解這項邏輯的關鍵,在於他的首要責任,而且他極為強烈地感受到,正是對合夥人的責任。他的錢完全來自合夥事業的資金。如果合夥事業資金買到的標的有價值,合夥人便可得到100%的利益。因此,如果國家保障公司很值得買進,巴菲特讓賣家全部賣出,合夥事業全部買入,合夥人便可得到100%的利益(當然,還是會扣除巴菲特的費用)。

但是巴菲特犯了一個錯:他不是直接為合夥人買下國家保障公司,而是透過波克夏海瑟威收購。1967年2月,合夥人僅持有61%的波克夏海瑟威。因此,國家保障公司39%的價值,而且是很大的價值,就落入其他人手中了。

「那麼,為什麼我透過波克夏海瑟威收購國家保障公司,而不是透過合夥事業?我花了48年思考這個問題,卻還沒得到一個好答案。我犯下一個大錯……我選擇把100%的優良企業(國家保障公司),跟持股61%的糟糕企業(波克夏海瑟威)結合在一起,這項決定,最終讓大約1,000億美

元，從合夥人手中流到一群陌生人手中。（註❺）」

　　往好處想，巴菲特讓那些「陌生人」（波克夏海瑟威的其他股東）變得
超級富裕，同時，他也讓合夥人變得十分富裕。而國家保障公司成為世界
一流的成功故事。

<hr>

註❺　出自 2014 年巴菲特致波克夏海瑟威股東的信。

學習重點

1. **投資人應觀察一家好公司好幾年的時間，然後才買進**
   做好分析，把它列入你的觀察名單，並在心中為它設定好價值。
   如果機會降臨，你便可以有紀律地投資。萬一始終沒有遇到機
   會，就把你的資金運用到可以有安全邊際的其他地方。

2. **保險公司持有的浮存金，可用來投資賺大錢**
   即使保險事業損益兩平，或是小幅虧損，也沒有關係。對自己投
   資技巧有信心的人，不妨挑選幾家保險公司，以取得更多浮存
   金。這正是巴菲特做的事情。

3. **長期持有好標的數十年**
   國家保障公司原有的事業保留下來，並在過去50年中擴大規
   模。巴菲特從來沒想過要出售。這仍是一家生意興隆的企業，但
   它的光芒，被自家再保事業（為保險商保險）的非凡成就給遮蓋
   住了。

◉霍奇查爾德柯恩 (Hochschild-Kohn)

投資概況	時間（年）	1966 ～ 1969
	買進價格（美元）	4,800,000
	數量（公司股數占比，%）	80
	賣出價格（美元）	4,000,000
	獲利（美元）	-800,000

　　1960年代後期，30幾歲的巴菲特（Warren Buffett）已是百萬富翁。多年來，他為投資合夥人賺得的獲利，超出6%門檻的部分，都可以抽佣25%。由於他的平均報酬率約是每年30%，且投資基金擴增到5,000萬美元以上，不僅每年都能讓合夥人開心賺錢，自己也可以賺進數百萬美元。

　　巴菲特的所得，通常又會投入合夥事業，因此，他在合夥事業的持分一年一年擴增。合夥事業持有經營不善的波克夏海瑟威公司（Berkshire Hathaway）大約7成股權，如今，該公司已用860萬美元買下國家保障公司（National Indemnity Insurance）。巴菲特堅決限制進一步大幅投資紡織業。

　　波克夏海瑟威並不是唯一一家被巴菲特合夥事業掌控大多數，或是全

部股權的公司：這個時期的另一項重大投資，是霍奇查爾德柯恩公司（Hochschild-Kohn）。

霍奇查爾德柯恩

1966年1月，巴菲特一名投資銀行界的朋友大衛・山迪・葛茲曼（David 'Sandy' Gottesman），跟他提到有機會收購一家走下坡的巴爾的摩百貨公司。霍奇查爾德柯恩公司已不具競爭力，需要一大筆資金，才能啟動重整。它是柯恩家族持有的未上市公司。柯恩家族的下一代，都不願意參與經營這家公司，他們知道公司沒能力為他們帶來多少股息。執行長馬汀・柯恩（Martin Kohn）跟葛茲曼說，他們願意出售，也可以接受「折扣價」。

一開始，巴菲特便知道他是「用三流價格買進一家二流百貨公司」。但他喜歡該公司資產負債表上高於市值的淨資產水準，以及隱藏資產：未列入紀錄的不動產價值，還有大量的後進先出（LIFO）庫存緩衝，意思是說舊庫存使用舊價估值，而不是使用目前的重置價格。

交易

巴菲特及蒙格（Charlie Munger）會晤柯恩家族，也喜歡他們。為了補強資產負債表，他們提議收購所有股權。路易士・柯恩（Louis Kohn）同意經營這家公司。1966年3月，他們透過「多元零售公司」（Diversified

Retailing Company）這家新設立的控股公司，買下這家百貨公司。這家新公司的名稱，顯露巴菲特及蒙格的意圖：他們打算建立一個零售集團。巴菲特合夥事業買下多元零售公司的8成股權，蒙格的投資合夥事業惠勒蒙格公司（Wheeler, Munger, and Company）買下1成股權，葛茲曼的基金買1成股權。霍奇查爾德柯恩的價格是1,200萬美元，但其中的一半金額，是多元零售這家控股公司貸款借來的。

惠勒蒙格公司設在加州，跟巴菲特沒有關係，不過，蒙格和巴菲特每天通電話，也有許多共同投資人。惠勒蒙格公司由1962年營運到1975年，平均年報酬率為19.8%，遠高於道瓊工業指數在那段期間只有每年5%的報酬率。

再度強調好人才的重要性

巴菲特在1966年寫給合夥人的半年度信中，提到霍奇查爾德柯恩：「不管是由個人或企業觀點來看，我們都擁有經營事業的一流人才⋯⋯他們將一如既往地繼續經營公司。」接著，他強調自己對經理人才的極度重視：「即使價格便宜，但管理階層平庸，我們便不會買下這家公司。」

事情的結局如何？

1967年夏季，巴菲特表示，霍奇查爾德柯恩的進展非常令人滿意。諷刺的是，在同一封信中，他當時表示對日後十分成功的波克夏海瑟威公司極

為失望。

1968年1月，巴菲特表示，他喜歡跟合夥事業持有的公司領導人共事，決定把合夥事業的大部分資金，部署在他掌握全部或多數股權的公司，即使這意味著他的年報酬率目標必須調降：

「我們掌控公司的表現令人滿意，這是10月9日信中談到投資目標調降的次要理由：由每年超越道瓊指數10個百分點，降到9個百分點以下，或是超越道瓊指數5個百分點。當我跟自己欣賞的人往來、介入我覺得刺激的公司（有哪家公司不是呢？）以及達成值得花費時間的已動用資本報酬率，例如10%～12%，頻繁轉換標的只是為了多賺幾個百分點，便似乎是一件很傻的事。

把我們與高級人才建立起愉快的個人關係，以及足夠的報酬率，拿去交換可能較高報酬率帶來的惱怒、麻煩或其他更糟的事，我也覺得不合理。（註❶）」

儘管這是他的一般做法，後來，巴菲特把霍奇查爾德柯恩從值得稱讚的名單中剔除；國家保障公司和下一章將談到的聯合棉花商店（Associated Cotton Shops）被挑出來表揚，波克夏海瑟威紡織公司和霍奇查爾德柯恩則沒有。巴菲特已否決霍奇查爾德柯恩管理階層進一步設立分店的計畫，甚至後悔先前同意增設一家分店的事，以避免浪費資金。

對霍奇查爾德柯恩的投資，蒙格表示：「我們受到葛拉漢精神的深入影響，我們認為，如果你的資金買到足夠資產，便可以設法讓它運作。但我們沒有充分考慮到，巴爾的摩4家百貨公司之間的激烈競爭。（註❷）」

1968年，百貨公司銷售額銳減，巴菲特想尋找霍奇查爾德柯恩的買家，或是清算該公司。幸好，綜合超市（Supermarkets General）有興趣，而後於1969年12月，以504萬5,205美元的現金加綜合超市無息本票將其買下。因此，多元零售除了銀行帳戶裡匯入的500萬美元之外，還成為綜合超市本票的持有者，其中的200萬美元是1970年初要償還，454萬元則是1971年初要償付的。這些本票在1969年當時的價值，大約為600萬美元，因此，多元零售實際在這筆出售案得到1,100萬美元。拿到的現金被存放在多元零售。它仍積欠債權人大約600萬美元，相當於它持有的綜合超市本票。

巴菲特合夥事業基金、蒙格基金與葛茲曼基金之間的合資企業，在霍奇查爾德柯恩投資案遭受小幅虧損。零售事業的問題，是經理人通常一直處在對手的攻擊之下。如果他們提出一個好主意來強化銷售，競爭對手沒多久便會如法炮製。他們必須一直保持在業界的頂端，而且，必須趕上對手

註❶　出自 1968 年巴菲特致 BPL 合夥人的信。

註❷　引述《雪球》（The Snowball: Warren Buffett and the Business of Life），第 252 ～ 253 頁。

的不斷創新。

　　就跟巴菲特說的一樣，零售業經理人必須「每日都聰明」，相較之下，在其他產業，即使經理人有一段時期表現平庸，也不至於毀掉公司。因此，華盛頓郵報（Washington Post）、可口可樂（Coca-Cola），以及迪士尼（Disney），得以維持大部分的特許權，保持它們在客戶心目中的地位，即使它們的經理人，有1、2年的表現很差。百貨公司就沒有這種餘裕了。當然，也有例外的零售商每日都保持聰明，年復一年擊敗對手，但非常罕見。

經驗教訓

　　我要引述巴菲特的反省來解釋，這個案例給我們的經驗教訓。巴菲特在1989年寫給波克夏海瑟威股東的信，反省他由重視量化（尤其是資產負債表）改變為重視質化，部分原因就是收購霍奇查爾德柯恩犯下的錯誤：

　　「在收購波克夏之後不久，我買下霍奇查爾德柯恩這家巴爾的摩百貨公司，……我用遠低於帳面價值的價格買下，既有員工是一流的，這件交易還有一些附加價值：未列入紀錄的不動產價值，以及大量的後進先出庫存緩衝。我怎麼能錯過？3年之後，我很幸運，能用買進的價格，把這家公司賣掉。在結束我們與霍奇查爾德柯恩的企業聯姻之後，我的回憶，就像鄉村歌曲〈我老婆和我最好的朋友私奔，而我依然很想念他〉（My Wife

Ran Away With My Best Friend and I Still Miss Him A Lot）裡的那位丈夫一樣。（註❸）」

這段文字明顯可看出，巴菲特明白量化投資因素，不足以成就一樁偉大的投資。隨著他的投資生涯展開，他逐漸開始重視質化因素。

霍奇查爾德柯恩交易的進一步反省如下頁。

註❸ 出自 1989 年巴菲特致波克夏海瑟威股東的信。

學習重點

1. **用合理價格買進一家好公司，遠勝過用好價格買進一家還可以的公司**
   找尋由一流管理階層領導的一流企業。

2. **優秀騎師配名駒，才有好表現，配駑馬是辦不到的**
   波克夏紡織公司和霍奇查爾德柯恩，都由有能力與正直的人來經營。這批經理人若部署在一家經濟基礎良好的公司，將可締造優良的紀錄，但他們永遠無法在流沙裡得到任何進展。巴菲特說，當擁有傑出名聲的經理人，遇上一家聲譽不佳的公司，該公司的聲譽仍將維持不變。

3. **迴避有問題的企業**
   巴菲特說，他和蒙格沒有學會如何解決困難的企業問題，但他們學會如何迴避。在商業與投資上，堅持淺顯易懂的通常更能獲利，而不是靠解決難題。有時，當一家好公司面臨一個巨大但可解決的問題，便會產生一個很好的投資機會。我們先前看到的美國運通（American Express）和蓋可公司（GEICO）正是如此。

4. **看不見的力量、制度性強制力，對一家公司有何強大影響**
   巴菲特說他明白，「①如同受制於牛頓第一運動定律，一家機構

將抗拒目前方向的任何改變；②如同工作會占滿可用的時間，企業計畫或收購，會吸光可用的資金；③領導人對企業的任何渴望，不論多麼愚蠢，很快便會得到部屬準備的詳細報酬率，以及策略研究的支撐；④同業的行為，無論是擴張、收購、設定高階主管薪酬等，都會被盲目模仿。」他試圖組織及管理投資，以便把這種制度性強制力（institutional imperative）的影響降到最低。達成這項目標的一個方法，是介入擁有他欣賞、信任與仰慕的經理人所屬公司。

5.巴菲特不是天生的投資人或企業家

他是透過包括個人及間接的經驗，學會事情如何運作。這種學習過程，需要數十年才會達到一個高水準，然而，還是會犯錯。熱中終身學習，是投資人的必要條件。巴菲特能接受修正，表示他可以做到足夠多的良好決策，以達成卓越的整體績效。

聯合棉花商店（Associated Cotton Shops）

投資概況	時間（年）	1967 到現在
	買進價格	不確定，但有人曾提到 600 萬美元
	數量（公司股數占比，%）	80
	賣出價格	不確定，因為 1970 年代併入波克夏海瑟威
	獲利	良好，但未曾單獨提出過

　　1967年時，巴菲特（Warren Buffett）經營一檔極為獨特的投資基金。他沒有依循買入股票上市公司少數股權的傳統做法，而是把他的合夥事業，定位為波克夏海瑟威（Berkshire Hathaway）這家衰頹紡織公司的大股東，並且在不久之後，有一家保險子公司加入。此外，480萬美元、相當於基金10%的合夥人資金，拿去購買一家全新公司：多元零售（Diversified Retail）的8成股權，他同時擔任多元零售執行長。該公司貸款600萬美元，在1966年買下霍奇查爾德柯恩百貨公司（Hochschild-Kohn）。

　　然後，在1967年初，巴菲特以及多元零售公司的少數股東同意擴大零售帝國，收購一家服飾連鎖店：聯合棉花商店（Associated Cotton Shops）。

聯合棉花商店

1931年班傑明・羅斯納（Benjamin Rosner）與1960年代中期過世的李奧・賽門（Leo Simon），只用3,200元共同創辦了聯合棉花商店，當時僅芝加哥一家門市。36年後公司年度銷售額是4,400萬美元、門市有80家。該公司在內城區（inner-city，（註❶））設有門市，因店員不時要提防竊賊，很多都經營不易。1967年羅斯納63歲，是個出了名的小氣鬼和工作狂，而這些是巴菲特極為仰慕的特質。巴菲特喜歡講述羅斯納的一則故事，這則故事凸顯羅斯納對公司的執著，以及羅斯納跟他一樣獨樹一幟：

羅斯納去參加一項正式晚宴，和另一名企業家談公司的瑣事，聊得很起勁。他很想知道他買進的捲筒衛生紙是否為最優惠的價格：這是典型的有趣晚宴話題，你知道的。那個人說，他買進的衛生紙價格比羅斯納的還高。羅斯納非但不開心，反而煩惱起來：或許是供應商騙他，給他較小捲的衛生紙。他馬上離開晚宴前往倉庫，後來，他那個晚上都在計算每捲衛生紙的張數。當然，他發現自己的捲筒衛生紙張數，果真比一般的還少！

交易

當他們開始討論收購案，羅斯納邀巴菲特去參觀幾家門市，親眼看看他

註❶　譯註：美國都會底層階級聚集的區域。

要收購的標的。巴菲特很乾脆地拒絕了。零售業的細節，已經超出他的能力圈。但他確實知道的，是該公司當時和不久前的財務狀況。因此，他請羅斯納在電話裡，讀出過去5年的資產負債表數據。

在一次會議時，查理‧蒙格（Charlie Munger）也在場，羅斯納感到不耐煩，想要快點完成交易。因此，大約討論了半小時之後，他便跟巴菲特說：「他們跟我說，你是西部拔槍最快的槍手！拔槍吧！」巴菲特回答，他不會拖太久，那天下午便會做出決定，在場的人全都明白何時需要果決。最後收購聯合棉花的價格並不清楚，但有些消息來源提到600萬美元的金額。

後來

羅斯納賣掉公司是因為他想退休了，但巴菲特請他留下來協助交接。他十分清楚羅斯納不會退休。驚人的是，羅斯納最後又在公司待了20年。他後來告訴巴菲特為什麼：「你忘記自己買了這家公司，而我忘記自己賣了公司。」對巴菲特放任式管理風格的讚頌，再也找不到比這種更好的了，不過，唯有在公司經理人表現優良時，這才算是一種稱讚。

巴菲特大力讚賞羅斯納，這必然是他留任的原因之一。儘管開玩笑說「你忘記自己買了這家公司」，巴菲特其實非常熱切地收取該公司營運的月報。雖然他認為自己不懂零售，但對財務可是眼光銳利。

羅斯納的表現可圈可點。巴菲特在1968年1月寫信給合夥人說，這樁收購案「再令人滿意不過了。每件事都跟宣傳說的一樣，甚至更好。主要的銷售經理人班傑明‧羅斯納⋯⋯一直表現優異。」6個月後，他寫信給合夥人說，羅斯納「努力與能力仍持續反映在業績上。（註❷）」1968年一整年，巴菲特估算，聯合棉花的已動用資本報酬率約為20%。

1969年，聯合棉花更名為聯合零售，巴菲特很滿意事情的結果：

「聯合零售的淨值約為750萬美元。這是一家財務強健、營業利益率良好、近年來營收、盈餘成長創紀錄的優良企業。去年，營收是3,750萬美元，淨利約100萬美元。今年應可創下營收與盈餘的新紀錄，我猜，在扣除所有稅額之後，獲利將達到110萬美元。（註❸）」

因此，你可以得到結論：零售業是一個很難做好的產業，但有些人具特殊才能，可創造很高的已動用資本報酬率，而且，是年年都做得到。精明的巴菲特，在往後數十年，與許多傑出的零售業者建立起交情，我們可以想到內布拉斯加家具商場（Nebraska Furniture Mart）的布朗金家族（Blumkin）、博希姆珠寶（Borsheims）的傅里曼家族（Friedman），以及威利家具（RC Willey）的比爾‧柴爾德（Bill Child）。

註❷ 出自 1969 年 1 月巴菲特致 BPL 合夥人的信。
註❸ 出自 1969 年 12 月巴菲特致 BPL 合夥人的信。

學習重點

1.能力圈

每個人都有能力圈，但一些人以為自己的比較大。巴菲特和蒙格都把自己的能力圈設定得很窄小。換句話說，他們承認有許多領域是他們無法用得到的資料做出結論。舉例來說，他們從不買進科技公司，因為不懂該公司未來10年的前景。事實上，他們認為，大多數產業都在自己的能力圈之外；他們無法分析那些領域的投資。

2.跟積極的成本削減者合作真的很棒

羅斯納徹頭徹尾了解他的企業，他習慣每天找方法讓營運去蕪存菁。結果，締造了亮眼的已動用資本報酬率。

3.人們對受到尊重與金錢報酬同樣重視

羅斯納賣掉公司之後，多的是錢，可以退休，不過他受到勸誘，繼續留下來工作。他喜歡巴菲特和他之間的相互尊重與信任。證據在於他可以自由控制他的領域，巴菲特對他毫不吝嗇的稱讚，以及絕對信任他不會做出損害巴菲特合夥人權益的事。

◉投資人際關係

每隔幾年，似乎都會出現讓人呼吸加速、激動破表的股票投機浪潮。每個回合的崩盤與損失，為那些不注意股市歷史的人，帶來啟發性的教訓。那些聰明的人會增強決心，牢記要利用群眾的瘋狂來操作股市，而不是加入這種瘋狂。

繼1950年代的榮景之後，美國股票市場在1960年代大漲。股市興奮過頭的後遺症，就是導致許多公司倒閉，以及許多投機者大賠。華倫・巴菲特（Warren Buffett）如何看待1967年到1969年這段期間？他又是怎麼做的？

接下來，我們會看到，巴菲特在這段時期，對股市、如何評估股票，以及他在個人層級與公司經理人往來的方式，做出很多省思。

本章沒有特定談哪一筆投資，而是討論巴菲特生涯中一段艱巨的時期，他必須做出一些重大與困難的決策。這有助於我們了解，他的投資風格在這幾年之間的轉變。

投機盛行的年代

大蕭條（the Great Depression）結束之後的20年，大家幾乎都勸人不要碰股票，說它們不僅危險，而且本質上就是投機性質。這種壓抑股價的態度，一直延續到1950年代初期。那個時候，有許多價值便宜的標的可以買進。然後，隨著企業證明景氣好轉，促使獲利及股息增加，股價又開始上漲。

市場氛圍轉變，許多人開始覺得股票真是值得擁有的東西：「我的朋友2年內便賺了1倍。他喜愛投資股市。我也要加入。」對這個經歷戰後繁榮和股價上漲的新世代來說，1929年已是古早的歷史了。1950年代，道瓊工業指數（Dow Jones Index）從200點翻漲2倍，到達600點；1960年到1966年，又漲了2/3。

1950年的平均股價只有上個年度每股盈餘的7.2倍（也就是本益比7.2倍）。本益比（PE）是衡量股票低價或高價的一個常用指標。1956年的本益比是12.1倍，仍是合理的低水準，巴菲特可以找到許多與未上市公司相比，還算便宜的公司。但在1960年代，平均本益比介於15倍到21倍。本益比的水準更高，使得找尋低價標的變得更困難，但不是不可能。

隨著投資人湧入蔓延的企業集團，以及明日的電子與化學公司；那是達斯汀・霍夫曼（Dustin Hoffman）在1967年電影《畢業生》（The

Graduate）中，得到有關「明日企業（industry of tomorrow）」的忠告。巴菲特愈來愈焦急，因為他找不到什麼可用合夥人資金去投資的低價標的。隨著市場在狂熱中上漲，他已經找不到任何標的。

巴菲特不是普通的基金經理人

巴菲特採取的第一個實際措施，是在1966年初關閉合夥事業，不再接受新的投資人。他說：「我覺得大幅擴增的規模，不但不能幫助績效，更可能傷害未來的績效。我個人績效可能未必如此，但你們的績效必然如此。（註❶）」

注意這個與許多其他基金經理人相反的做法。上漲的股市，是他們賺到更多費用的機會，因為大家都想買股票。經理人可以在自己管理基金的每1美元（或英鎊），賺到大約0.5%到1%的費用，這是他們擴大基金規模的誘因。

巴菲特建立起一個不同的獎勵架構。首先，他天生正直，也有榮譽感，誠實地竭盡全力來服務合夥人，其中許多人是他的親朋好友。其次，巴菲特有一套獨特的費用架構：除非每年賺到至少6%的報酬率，否則不收費。如果只是為了擴大自己管理的基金規模，而持續買進他認為可能被高估的

註❶ 出自 1966 年 1 月巴菲特致 BPL 合夥人的信。

股票,他得不到任何財務上的好處。

1967年的挫折與困惑

1967年初,巴菲特原本源源不絕的投資概念,就是他實際上可以買進的公司數量,變成涓涓細流。他對市場行為感到挫折,甚至困惑。市場已進入一種瘋狂階段,遍地都是完全反映價值及價值高估的公司。他在這種環境下要如何投資,而不是投機?

巴菲特長時間費力思考這個問題。他是否該加入群眾,採取短期操作,買進即使還不曾獲利的明日企業?夾雜其中的重要因素是,他已很有錢了(約有1,000萬美元)。他是否該專注在人生其他事情,像是他的家庭?

難以理解的市場

巴菲特對1960年代後期市場的奇怪行為十分惱怒,他想讓合夥人明白,市場可能做出奇怪與不理性的事情,因此,你無法預測短期市場,短期可能指幾個月或數年。在1966年7月寫給合夥人的信裡,他重申自己「不做預測股市或商業波動的事情」。他說,如果投資人認為自己可以這麼做,或許就不該加入合夥事業。

他從未依據別人對股市的看法而買賣股票。他再次強調,他只會專注在

他認為公司應該做的事。「在一定程度內，股市會決定我們是否是對的，但我們對公司分析的準確性，將決定我們是不是對的。換句話說，我們會專注在可能發生的事，而不是何時會發生。（註❷）」

1967年1月給合夥人的信發布之後數個月，巴菲特試圖讓投資人相信，合夥事業的這10年是特別的，創造出未來無法複製的報酬率，平均每年達到29.8%。巴菲特說，未來的10年，「絕對沒有機會」再度出現這種報酬率，甚至連約略接近的可能性都沒有。投資績效會下降，是因為缺乏投資標的；他所能做的是「更強烈地利用那些（概念）（註❸）」。即使加大力度，真正的危險是「涓涓細流更有可能完全乾涸，而不是恢復成源泉。（註❹）」

巴菲特認為，當時缺少2項因素：

他已不再是「飢渴的25歲，操作10萬5,100美元的初始合夥事業資金。（註❺）」他現在是「吃飽」的36歲，難以投資多出許多的資金——5,406萬5,345美元。他必須用更大的金額買進，才能提升投資績效，這

註❷ 出自 1966 年 7 月巴菲特致 BPL 合夥人的信。

註❸ 出自 1967 年 1 月巴菲特致 BPL 合夥人的信。

註❹ 出處同註❸。

註❺ 出處同註❸。

使得可投資的公司數量銳減，因為沒有多少公司，擁有夠大的公眾流通股數（free float；投資人持有的股票，而不是公司內部人士持有，比如創辦家族或董事）。

其次，市場環境已無法再讓他成功履行投資哲學。與1956年相比，運用他投資哲學得出的理想投資標的，只有「1/5到1/10」。在合夥事業成立之初，在股價遠低於資產及盈餘的市場環境裡，許多公司的價值遠低於未上市公司：他可以找出15家到25家公司，讓他對「所有這些股票的可能性感到興奮（註❻）」。在調查過1967年的市場環境之後，卻找不到幾家他能理解的公司。

情況嚴重的程度，使得巴菲特宣稱，1964年到1966年之間，他每年只找得出2檔或3檔「具有優越績效預期性」的股票。

怎麼辦？

巴菲特不願意做的一件事，就是改變他的投資哲學核心因素：分析公司、安全邊際、合理報酬率的目標、利用市場先生。他不願跨出能力圈，或是他的「理解範圍」。說得明白一點，巴菲特拒絕1960年代流行的投資策略：

他駁斥買進科技股的概念，「那遠超出我的理解（註❼）」。

他也駁斥當時正流行的「預測市場趨勢凌駕公司價值（註❽）」的投資策略，儘管許多報導表示，一些人擅長這種把戲，而快速獲利。巴菲特說：「這種投資技巧，我既無法肯定也無法否認正確性。這完全不符合我的理解力（或者，那是我的偏見），而且鐵定不符合我的性情。（註❾）」

　　最後，他不會「追求可能衍生重大人類問題的投資活動，即使存在極佳的獲利預期。（註❿）」經歷登普斯特機械（Dempster Mill）裁員的痛苦，以及波克夏海瑟威紡織（Berkshire Hathaway）人力精簡的艱難決定之後，巴菲特再也無法承受其他公司因為可能需要重整，以至於引發的緊張與衝突。

誤導的短期績效指標

　　為搭配預測短期市場或股價波動，1960 年代後期，很多人改用短期指標，來評論一個投資人的成敗。巴菲特不高興人們可能堅持他要達成短期目標；畢竟，其他基金經理人都是這樣。巴菲特在 1967 年 10 月寫給合夥

註❻　出自 1967 年 1 月巴菲特致 BPL 合夥人的信。
註❼　出處同註❻。
註❽　出處同註❻。
註❾　出處同註❻。
註❿　出處同註❻。

人的信表示：

「多年來，我一直宣揚績效指標的重要性。我始終告訴合夥人，除非我們的績效優於平均水準，不然就該把資金投到其他地方。近年來，這個概念已在投資圈（或投機圈）獲得動能。在過去1、2年，它開始變得有點像巨浪。我認為，我們正看到一個健全概念遭到扭曲。我向來跟合夥人說，我認為至少需要3年，才能判斷我們是否『績效良好』。當然，隨著投資大眾脫離控制，鉅額資金投資績效的預期時間，縮短到年度、季度、月度，有時甚至更加頻繁……超短期績效的獎酬變得豐厚，不僅是實際績效帶來的報酬，還是可以吸引到下一輪投資的新資金。因此，誘發一種自然發生的活動，導致愈來愈大量的資金，停泊的時間愈來愈短。讓人困擾的結果是，隨著活動加速，介入的工具（特定的公司或股票）變得不重要，有時幾乎是次要的。」

轉而接受質化因素，但未放棄量化因素

在生涯初期，巴菲特受到葛拉漢（Benjamin Graham）的強烈影響，尤其重視淨資產，特別是資產負債表上的淨流動資產，部分注意力則放在獲利能力和商業前景的質化因素：經理人素質和企業穩定性。最重要的，莫過於強健的資產負債表，因為它可以提供安全邊際。

巴菲特想嘗試其他手段，起初是試驗性的，後來變得更大膽。迪士尼

（Disney）、美國運通（American Express）和其他投資的成功，促使他想把更多資金，投入到具優良質化特點的公司，而且，大多不會去管淨資產多寡。

然而，這不表示葛拉漢的方法已被完全摒棄，被新方法取代。你絕對可以運用葛拉漢的概念，並結合菲利浦‧費雪（Philip Fisher）、查理‧蒙格（Charlie Munger），以及30出頭巴菲特的概念，去操作一項投資組合。一如巴菲特在1967年10月寫給合夥人的信裡，就明白地表示：

「為了投資目的而評估股票與企業，一直混合著質化與量化因素……有趣的是，雖然我自認屬於量化學派，這些年來，我真正轟動的投資，是強烈傾向於進行『高機率分析』的質化面，這才是讓收銀機叮噹作響的真正原因。然而，這種事不常發生，如同你不常有眼光。當然，量化面不需要眼光：數據會像球棒一樣，直擊你的腦袋。因此，真正賺大錢的投資人，往往是質化決策正確的人，但至少就我來看，做出明顯量化決策的人，可以更確定賺到錢。（註❶）」

顯然，巴菲特並不是在汰舊換新；葛拉漢的策略依然十分正確。話雖如此，我們必須承認，1950年代是個好時機，特別適合搜尋資產負債表上的廉價標的，那個時候，股價便宜到本益比只有個位數，淨資產或淨流動資

註❶ 出自 1967 年 10 月巴菲特致 BPL 合夥人的信。

產通常高於市值。但在股市處於高檔時，這種投資策略就像遇到荒年。逢低承接的量化標的，在1960年代後期都已消失不見。

巴菲特對箇中原因，提出一些可能的解釋：

◎**互相競爭的投資人紛紛上車**：葛拉漢的著作成為暢銷書，其他人也用他的投資理念。巴菲特認為，投資名單不斷更新，導致價格上漲。要讓這種方法再度適用於一系列的股票，需要的是「類似30年代的經濟痙攣，營造出看壞股票的偏見，迸發出數百檔新低價股票。（註❶）」

◎**收購出價的案例愈來愈普遍**：而這些往往集中在低價標的，因而讓它們從市場上消失。

◎**證券分析師人數大量增加**：他們可能「加強分析股票，遠超過數年前的程度（註❶）」，不論他們是不是葛拉漢的追隨者。如今增加數百名分析師和基金經理人，許多人都明白低價股的存在，因此，受到忽略及冷落的公司愈來愈少。

巴菲特仍然認為，量化便宜股是他的投資策略精華，但當時「量化指標認定的低價股，幾乎都已經消失了。（註❶）」

即使在今天，巴菲特和蒙格都沒有否認，假如你是小額投資人的話，那

麼運用量化指標，以逢低承接低價股，是取得高報酬率的好方法。只不過當投資金額已經高達數10億美元時，你無法在規模夠大的公司找到這些低價股。

不再執著於合夥事業

1967年，巴菲特受夠了其他市場人士採取的新時代投資策略，以及市場上低價股寥寥無幾，巴菲特在那年的年度信件寫了幾句話，讓他的合夥人飽受震撼：

「當遊戲不再按照你的方式進行，人們很自然會說新的方法是錯的，一定會失敗，諸如此類的。我以前瞧不起別人的這種行為，我也看到那些用以前方法，而不是新方法評估市況的人，受到了懲罰。基本上，我跟現在的市況不對盤。但我很明白一點，我不會放棄我了解邏輯的舊方法（儘管發現很難實際運用），雖然這意味著，放棄採納我不完全理解的方法，能創造龐大、輕鬆的獲利，但我並未成功運用過這種方法，而這可能導致資本大幅的永久損失。（註⑮）」

註⑫　出自 1967 年 10 月巴菲特致 BPL 合夥人的信。
註⑬　出處同註⑫。
註⑭　出處同註⑫。
註⑮　出處同註⑫。

個人動機

巴菲特明白,他不想再這麼辛苦工作了。他出現偏執的行為。他可能從早到晚工作,忽略了家庭。他曾經答應過太太,等賺到800萬到1,000萬美元,就會放慢腳步。那個目標已經達成了。他寫説:

「由於個人狀況的改變,我最好放慢工作腳步。我注意到各種日常活動出現許多習慣模式,尤其是事業上,在這些習慣早已沒有意義之後,仍然持續著(而且隨著時間流逝,變得更嚴重)……基本的自我分析告訴我,我已無法全力以赴,去達成我向委託資金人公開宣示的目標。全力以赴變得愈來愈沒有意義。(註❶⑥)」

巴菲特希望人生有更多意義,不僅在於追求金錢以外的事物,還有他的投資類型。他不想在投機熱潮的市場拿頭去撞牆,而希望能夠減少工作量,以專注在他能掌控,並且由他欣賞、信任及仰慕的人所經營的公司,即使這意味報酬率降低。他寧可享受自己做的事,而不是全力追求財務報酬率:

「我可能會限制自己,只去做簡單、安全、可獲利及愉快的事。這不會使我們的操作比以往更為保守,因為基於一些偏見,我認為我們向來操作的極為保守。長期來説,下檔風險不會減少,而上檔空間將會減少。(註❶⑦)」

他明白許多合夥人讀到這封信以後，會不願意接受新的、較低的投資績效目標，而另覓去處：「有其他誘人投資機會的合夥人，可能會合理地決定，他們的資金可以在其他地方得到更好的運用，你們可以相信，我全心支持這種決定。（註⑱）」

　　聽到這個消息後，一些合夥人決定從合夥事業撤出資金，投給承諾光明未來的基金經理人（1967年10月到12月間，撤走了160萬美元）。巴菲特很高興這些人退出了，因為他不必再「追求在現況下可能無法達成的績效（註⑲）」。

再度超越

　　諷刺的是，當巴菲特對股市感到厭倦時，這個時期卻締造優越績效。合夥事業在1967年報酬達到35.9%，相較之下，道瓊工業指數上漲19.0%。扣除巴菲特的管理費用之後，合夥人的報酬率是28.4%，以淨資產6,810萬8,088美元計算，是1,938萬4,250美元。巴菲特開玩笑說，這可以「買到很多百事可樂」。巴菲特當時喝百事可樂，後來買下可口可

註⑯　出自 1967 年 10 月巴菲特致 BPL 合夥人的信。

註⑰　出處同註⑯。

註⑱　出處同註⑯。

註⑲　出自 1968 年 1 月巴菲特致 BPL 合夥人的信。

樂公司（Coca-Cola）股權，才改喝可口可樂。

即使如此，巴菲特明白基金增值的人為因素。他表示，這種漲勢是讓股票交易員發胖的「投機性糖果」造成的。他明白結果可能是「消化不良」及「不舒服」，即使他保持健康樣素，堅持吃「燕麥」：意思是遵守葛拉漢的原則（註[20]）。

巴菲特指出，增值的一大原因，是一檔股票在1964年到1967年大幅成長，因而占資產組合的40%。雖然他沒有說出這檔股票，但我們知道就是美國運通，那段時間的股價，從38美元漲到180美元，讓合夥事業從1,300萬美元，擴增到2,000萬美元以上。

儘管這種增值很可喜，如果你對股市歷史有所認識的話，便明白挑選一次性的上漲股票，不足以構成預期未來報酬的健全基礎。重要的是，要有很多投資機會，但這個時候機會不多：那是個荒年。

合夥事業解散？

巴菲特被迫面臨是否要解散合夥事業的問題：許多合夥人讀過他在1967年10月的信件，以為合夥事業將開始解散。但在1968年1月，巴菲特表示，這個問題的答案是「絕不」。他說：「只要合夥人希望把他們的資金跟我的放在一起，而事業運作愉快（情況不能再好了），我打算繼續

跟那些從網球鞋時代就支持我的人做生意。（註㉑）」

解決方案

　於是，1968年1月，巴菲特自認找到一個妥協方法，可以讓他跟公司經理人、家人，保持較沒有壓力、較不偏執、更緊密的關係。他甚至同意贊助慈善團體，尤其是民權運動。然而，沒多久他便明白，新的投資組合並不適合他，因此，我們將在接下來幾章，看到後來的投資故事。

註㉑　出處同註⑲。
註㉑　出處同註⑲。

學習重點

1. 市場總會經歷不理性的時期

2. 在好時機與壞時機都要堅持健全的投資原則

3. 人生並不是全部都在於賺錢，甚至大部分都不是
   人際關係才重要。

4. 大多數基金經理人試圖挑選打敗大盤的股票，但無法
   達成，如果你把他們收取的高昂費用列入考量的話
   因為他們的費用與績效並沒有關係。

第15筆

⊛伊利諾國家銀行及信託公司
(Illinois National Bank and Trust)

	時間（年）	1969 ～ 1980
投資概況	買進價格（美元）	約 15,500,000
	數量（公司股數占比，%）	97.7
	賣出價格（美元）	17,500,000（外加 11 年股息，估計超過 30,000,000）
	獲利（美元）	超過 32,000,000（報酬 200% 以上）

　　華倫・巴菲特（Warren Buffett）或許不敢在1968年到1969年投機盛行的股市買進少數股權，卻很興奮可以挑選優良企業的多數股權。畢竟，買下國家保障公司（National Indemnity）和聯合棉花（Associated Cotton）帶來令人愉快的結果。現在，這兩家企業皆為母公司波克夏海瑟威（Berkshire Hathaway）挹注源源不絕的現金，何不利用這些現金，來擴增波克夏旗下的公司組合呢？

一家賺錢的小型銀行

　　1931年，一名叫尤金・阿貝格（Eugene Abegg）的年輕人，只靠著25萬美元的資本，在伊利諾州洛克福德（Rockford）創辦一家銀行。他把

銀行取名為伊利諾國家銀行及信託公司（Illinois National Bank and Trust Company），不過，許多人把它叫做洛克福德銀行（Rockford Bank）。該銀行有40萬美元存款。從那時起，該銀行的所有人就沒有再增加新資本。然而，到1969年時，阿貝格一手打造出的銀行淨值已達1,700萬美元，存款有1億美元。該銀行每年獲利約200萬美元：這是令人滿意的已動用資本報酬率。波克夏海瑟威總裁肯恩‧查斯（Ken Chace）表示，以存款比率或總資產來看，這種獲利「接近美國大型商業銀行的最高水準（註❶）」。

伊利諾國家銀行及信託公司的資產與負債比報酬率高：1億美元的存款獲利2%，而1,700萬美元的股東資金，獲利200萬美元（200萬美元/1,700萬美元＝報酬率11.8%）。不僅如此，該銀行的經營也很保守。因此，在達成這種報酬率的同時，它的資本架構、流動性與放款政策所承受的風險都很低。

銀行業很簡單便可暫時美化數據，方法包括大舉從金融市場借款，以及放款給高風險客戶。反正直到東窗事發之前，一切看起來都好極了。相形之下，洛克福德銀行不常在資本或貨幣市場融資，並實施保持高度流動性的政策。這表示銀行擁有資產儲備，而沒有把大量資金綁在長期放款，因此可以在短時間內變現，同時，也有管道可取得短期資金。

註❶ 出自1967年查斯寫給波克夏海瑟威股東的信。

這家銀行的放款也很保守，貸款損失遠低於平均水準。此外，一半以上的存款都是定期存款，持有客戶存款的黏著度更高。這樣雖然可以降低風險，卻也減少了獲利，因為銀行支付的利息較高。就諸多安全優先的政策來看，這家銀行擁有這麼高的資本報酬率確實驚人。

交易

阿貝格持有1/4的股權，先前已跟他人磋商出售公司，巴菲特是後來才出現的。潛在買家開始挑剔這項交易，並要求查帳。阿貝格被激怒，決定取消交易。同時，巴菲特計算他願意支付的價錢，結果比另一位買家低了大約100萬美元。

阿貝格受夠了其他出價者，要求其他股東接受巴菲特的提議，並揚言假如他們不接受，他就辭職。波克夏海瑟威公司在1969年買下該銀行97.7%的股權。

根據熟悉內幕消息的人士羅伯‧邁爾斯（Robert P. Miles）透露，買進價格是1,550萬美元。假設這個數字正確，巴菲特只花了獲利的7倍價錢，便買到鎮上最大的銀行，而且這家銀行一直創造很高的已動用資本報酬率。更驚人的是，阿貝格用低於帳面價值（淨資產價值）的價錢將其出售。

巴菲特決定貸款1,000萬美元來融資這項收購案，這是非常罕見的情

況。他後來說,「之後的30年,我們幾乎沒有跟銀行借過錢。(債務在波克夏是一個禁忌的詞。)(註❷)」

非常愉悅的伊利諾國家銀行經驗

我們先前已經知道,巴菲特喜歡留住傑出的經理人來經營他的公司。他從很早期便看出阿貝格的才華:他在經營銀行的39年期間,一再證明他很懂得如何創造報酬率,而且,還是在低股東風險之下進行的。儘管阿貝格已經71歲,巴菲特決心請他留任:這並不會太困難,因為阿貝格也想繼續工作。

在找到合適人選後,巴菲特採取一貫的放任風格,由阿貝格獨自管理事業。下列讚美顯示巴菲特的信心完全得到證實:

「我們的經驗是,原本已是高成本事業的經理人,往往很容易就可以找到新方法來墊高間接成本,而精簡經營的事業經理人,通常會不斷找到新方法來削減成本,即使他的成本已經遠低於競爭對手也一樣。這項能力最強的,莫過於阿貝格。(註❸)」

值得一提的是,在收購之後的5年半時間,銀行支付波克夏2,000萬美元的股息,遠超過波克夏買進洛克福德銀行股票的價錢。此外,該銀行經濟特許權的價值日益增加。

你想要如何擁有這家銀行？

1971年，伊利諾國家銀行的稅後淨利，是平均存款的2%。阿貝格並沒有放慢腳步；他提高效益，因此比率在1972年上升到2.2%。該銀行同時迅速擴張：1972年，對客戶放款增加了38%。

接下來的一年，又締造了一項紀錄：平均存款增加到1億3,000萬美元。稅後營業利益仍處於業界高水準，達到平均存款的2.1%。

在1975年寫給波克夏股東的信中，巴菲特強調該銀行的超低壞帳率：「很難找到形容詞，來形容執行長阿貝格的績效。在6,500萬美元的平均貸款中，淨貸款損失只有2萬4,000美元，相當於0.04%。（註❹）」

即使如此，接下來一年的績效又提升了，貸款損失降低到貸款餘額的0.02%，只是1976年銀行業普遍比率的一點點而已。值得注意是，在這段獲利、存款（1969年來增加6,000萬美元）、貸款增加的期間，銀行員工人數仍維持在與1969年收購時的相同水準。相同團隊帶領該銀行拓展到其他活動，像是信託、旅遊和數據處理。

註❷ 出自 2001 年巴菲特致波克夏海瑟威股東的信。
註❸ 出自 1978 年巴菲特致波克夏海瑟威股東的信。
註❹ 出自 1975 年巴菲特致波克夏海瑟威股東的信。

1977年時，獲利為360萬美元，獲利占資產比率已達多數大型銀行的3倍。阿貝格現在已高齡80歲，便跟巴菲特要一些幫手。於是，奧馬哈美國國家銀行（American National Bank of Omaha）前任總裁暨執行長彼得・傑佛瑞（Peter Jeffrey），被聘請來擔任總裁及執行長。

　　他們不斷向前推進，1978年的資產報酬率是2.1%。回饋給波克夏股東的稅後淨利達426萬美元。在10年期間，零售定存達到4倍，淨利增加到3倍，信託部門利潤增加1倍，且成本受到密切控制。

但伊利諾國家銀行必須賣掉

　　1978年，銀行主管機構告訴巴菲特，他必須在1980年底之前，把洛克福德銀行跟其他事業切割開來。主管機構緊縮銀行隸屬於非銀行公司的規定。巴菲特公開宣布，最可能的解決方案，是在1980年下半年時，將它從波克夏分割出去。同時，阿貝格與傑佛瑞又再精進，使1979年的資產報酬率達到2.3%（500萬美元），是對手銀行的3倍。

最高價格未必是最佳選擇

　　1979年，巴菲特研究出售8成以上銀行股票，給1名外部投資人的可能性。他說：「我們對任何買家都會極為挑剔，遴選也不會完全根據價格。銀行及它的管理階層非常善待我們，如果必須出售，我們希望確保他們也同樣被善待。（註❺）」如果在初秋之前，還是找不到出價合理的「適合買

家」，他仍然認為，把銀行分割出去是有可能的。

他極為不滿必須讓這家伊利諾銀行脫離波克夏旗下，而寫道：「你們應當知道，我們不能預期用出售銀行的收益，來取代全部，甚至大部分這家銀行的獲利能力。你根本無法用我們銀行出售時的本益比，去買到高水準的企業。（註❻）」

分離

1980年的最後一天，4萬1,086股的洛克福德銀行（持有97.7%的伊利諾國家銀行），交換相同數目的波克夏海瑟威股票：這意味著該銀行的價值，約等於4%的波克夏海瑟威股權。

這個方法，讓波克夏的全體股東，得以維持他們在該銀行及波克夏的持股權益（唯一的例外是巴菲特，主管機構規定他只能保有該銀行的8成股權）。波克夏股價是每股425美元，因此，該銀行的價值是425美元×4萬1,086股，約為1,750萬美元。

另外一個方式，是股東可選擇持有較多的銀行股票或波克夏股票：他們可以用一些分配到的銀行股票去交換波克夏股票，反過來也可以。

註❺ 出自 1979 年巴菲特致波克夏海瑟威股東的信。
註❻ 出處同註❺。

巴菲特的讚美

可惜，阿貝格在1980年7月過世。巴菲特對他們的友誼表示如下：

「作為一名友人、銀行家和公民，他卓越超群。

當你跟一個人買下他的公司之後，他留下來，不是以老闆的身分，而是以員工身分繼續經營公司，你對這個人便會有許多了解……從我們一開始認識，尤金一直都率直真誠；這也是他唯一的行為模式。在開始磋商時，他便把所有的負面因素攤開在桌上；另一方面，在完成交易多年後，他總會定期告訴我，一些先前在我們收購時沒有討論過的價值資產……

尤金從未忘記他是在管理別人的金錢。雖然這種信託態度一直是最重要的，他高明的管理技能，使得銀行總是達成全國最高的獲利能力水準……

數十位洛克福德的居民告訴我，這些年來，尤金給他們什麼幫助。有時，他給的是財務上的幫助；但不論任何時候，他們都獲得他的智慧、同情及友誼，他向來都是這麼對待我的。因為我們的年齡與地位，我有時是資淺合夥人，有時是資深合夥人。不論是哪一種身分，我們的關係一直很特別，這讓我十分懷念。（註❼）」

註❼ 出自 1980 年巴菲特致波克夏海瑟威股東的信。

學習重點

1. **用合理價格投資一家優秀的企業**

   如果一家企業以往的獲利能力高，也有充足理由相信獲利能力將會成長，便值得用合理的價格收購這家公司。

2. **更好的是，如果你可以用低價買到這種公司，就會十分成功**

   在10年期間，伊利諾國家銀行的年度獲利增加150%，達到500萬美元，價值或許增加到4倍。

3. **買進優秀公司的多數股權**

   巴菲特找到這類好公司時，會盡可能買下他能收購的股權。

4. **當一家公司的創辦人極為關切誰要收購公司，而不是想用最高價錢賣掉，這是一個很好的信號**

   巴菲特知道，若一位經理人更關心用高價出售，而非收購對象的經營理念，收購案成功的機率會十分渺茫。巴菲特得到企業經理人，例如阿貝格及聯合棉花的羅斯納（Benjamin Rosner），他們「竭盡全力為波克夏經營公司，像是他們個人百分之百持有這些公司一樣。」這種態度應該「深植於優秀經理人的個性之中。（註❽）」

註❽ 出自 1982 年巴菲特致波克夏海瑟威股東的信。

5. 堅持完全低成本的平凡銀行業務，並重視低風險和穩
定成長的銀行
完全與從事複雜衍生性商品與市場借貸，並由投資銀行家塑造企
業文化的複雜銀行不同。

6. 不斷設法提升效率和撙節成本的經理人，才是值得支
持的人
這些行動持續深化及拓寬競爭優勢。

第16筆

奧馬哈太陽報（Omaha Sun）

投資概況	時間（年）	1969 ～ 1980
	買進價格（美元）	1,250,000
	數量（公司股數占比，%）	100
	賣出價格（美元）	不確定，但可能遠不及 1,250,000
	獲利（美元）	虧損（但博得名聲，包括普立茲獎）

1968年初，巴菲特合夥事業公司（Buffett Partnership Ltd.）的淨資產是6,810萬8,088美元，公司在1967年的投資報酬率是35.9%。但巴菲特（Warren Buffett）毫無興奮之情。市場愈是受投機狂熱和會計詐術帶動，他愈憂心。

巴菲特的態度

了解巴菲特的想法很重要。就算看著自己的股價走高獲利，巴菲特也不會滿意。要他感到滿意，除非是證明自己的分析推論完美無缺，從他選為投資標的的企業績效出色，股價上漲的情況，可以獲得印證。

先進行邏輯分析挑選標的，再來是所選公司業績告捷，最後是喜迎股價

上漲，這樣才是合情合理的，那才是投資世界正確的順序。因為投機者炒短線，投資標的在短短幾週內就漲了一倍，這不是值得慶幸的事，反倒讓人心裡七上八下。股價非理性上漲，也會同樣以超乎常理的方式，一下子就將漲幅吐回。

投機遊戲

　　股市被這樣操縱，讓巴菲特焦慮不安，因為這樣對社會重視的股市投資機制，將造成嚴重的長期傷害。損人利己的操作方式會導致失敗，進而讓人對投資企業心生恐懼，甚至引起反感，流向重要業務的資金恐怕就跟著減少。

　　巴菲特在1968年7月發表的合夥人信寫道：

　　「現在荷包賺滿滿的，都是搭上連鎖信式炒股風潮的人，無論是發起者、高層職員、專業顧問、投資銀行家、股市投機者，都參與了。這些玩股票的不是容易上當、自我催眠，就是憤世嫉俗者。（註❶）」

　　為了成功操縱市場，股市炒作者必須製造假象，最普遍的手法，是在帳目數字上動手腳。巴菲特說：

　　「這麼一來，就常需要做假帳（一位想法非常「先進」的實業家告訴

我，他認為帳目要做得「大膽，並充滿想像空間」）、使出市值詭計，以及掩飾上市企業的營運本質，最終的產物要受歡迎、體面，而且獲利能力驚人。（註❷）」

雖然巴菲特看到市場的投機狂熱就猛搖頭，但是帳面上投資獲利，幫合夥人賺到錢，他起碼為此感到欣慰：「坦白說，我們的績效大幅提高，間接是受到這類投機活動的帶動……若非如此，我們在市場收割報酬的速度不會那麼快。（註❸）」1968年，巴菲特合夥公司賺進令人咋舌的4,000萬美元，報酬率58.8%。1969年1月，巴菲特管理的資產達到1億400萬美元。

巴菲特把1929年股市大崩盤的剪報貼在辦公室牆上，以提醒自己華爾街股災是投機狂熱惹的禍。投資人一窩蜂進股市，或許看來像有趣的嘉年華盛會，但憑著一股狂熱玩股票很危險，恐怕會破壞巴菲特兩大重要的投資原則：

原則1》不要虧錢。
原則2》切記原則1。

註❶ 出自 1968 年 7 月巴菲特致 BPL 合夥人的信。
註❷ 同註❶。
註❸ 同註❶。

《奧馬哈太陽報》

巴菲特從他當送報童派送《華盛頓郵報》（Washington Post）開始，就對優質的新聞媒體興趣濃厚。巴菲特的確是靠報紙上的資訊來發展投資概念，他和長期戰友蒙格（Charlie Munger），相當看重分析性、批判性、調查性的新聞報導。時間很寶貴，你選擇的閱讀素材，有助於形塑你的人格，同時提升知識的深度和廣度。

投資機會

1968年巴菲特的投資重心轉向自認能掌控的小公司，他尤其興起想當報業老闆的念頭，只要公司的出售價格在合理範圍即可。接著，難得的機會來了，他的太太蘇珊（Susan）認識《奧馬哈太陽報》（Omaha Sun，簡稱「太陽報」）老闆兼發行人史丹佛・利普西（Stanford Lipsey），某日利普西跑到巴菲特在基威特廣場的辦公室，說要賣他的公司。

這家公司在大奧馬哈地區發行6種專門報導當地新聞的週報，總發行量5萬份，年營收約100萬美元。《太陽報》旗下的報紙，除了報導鄰近地區的一般地方事務，也會去採訪調查奧馬哈主流報紙《奧馬哈世界先驅報》（Omaha World-Herald）刻意避開或怯於揭發的事件，這些敏感事件通常與地方公家機關決策錯誤或奧馬哈名流行為不端有關。

連利普西都看淡報紙的商業前景，巴菲特仍執意要買，或許無關投資機

會，主要是被《太陽報》的公共服務精神、堅守新聞良知而打動。無論如何，交易在20分鐘內就敲定。巴菲特隨後聲明宣布，他花了125萬美元收購《太陽報》，期待每年有10萬美元獲利落袋（相當於8%的投資報酬率），利普西則繼續擔任《太陽報》總編輯。8%的投報率，低於巴菲特平常設立的目標，但別忘了，他當時找不到太多投資機會，合夥人的大把鈔票只能閒置，沒有用武之地。

這裡還有另一點值得思考：巴菲特注意到一些小鎮只有一家報紙，這給了它定價能力。巴菲特花了100萬美元左右（約占合夥人資金1.5%），就能讓他立足媒體出版業，並從中汲取經驗，他希望這對未來從事其他冒險事業有幫助（確實如他所願）。1969年1月，《太陽報》經營權易主，波克夏海瑟威公司（Berkshire Hathaway）買下所有股份。

普立茲獎得主 —— 巴菲特

《奧馬哈太陽報》發行量不大，想達到他每年10萬美元獲利目標不容易，但對入主《太陽報》感到自豪的巴菲特，也因此對自己家鄉有更深入的了解。《太陽報》在巴菲特入主之後掌握到一些線索，直指奧馬哈一家素有名聲的慈善機構暗藏醜聞。

「男孩城」（Boys Town）由愛爾蘭神職人員福萊納根神父（Father Flanagan）在1917年創辦，專門收容無家可歸的男童。到了1930年代中

期，該機構擁有160英畝土地、一所學校和運動設施。

1938年，男孩城的故事被好萊塢改編成電影《孤兒樂園》（Boys Town），由史賓塞‧崔西（Spencer Tracy）與米基‧魯尼（Mickey Rooney）主演，還贏得奧斯卡獎的肯定，男孩城也因為電影的加持聲名大噪。挾著得獎電影的威力，男孩城開始向全美募款，定期寄出數百萬封郵件，並在信中暗示，經費短絀下，收容的院童肚子要挨餓，結果捐款源源不絕而來。此後，男孩城的占地面積擴張到1,300英畝，1971年為止，收容院童665人，並聘用600名職員。

但事情開始變調

男孩城收容的男童，幾乎完全被隔離在校園內，不准他們與女生接觸，每個月只准與一名訪客會面，他們的信件還會被檢查。這已經夠糟了，但巴菲特與《太陽報》編輯保羅‧威廉斯（Paul Williams）最關切的，還是男孩城的募款怎麼來，錢怎麼花？

男孩城進行募款時，聲稱未得到教會、州政府或聯邦政府的資助，結果內布拉斯加州政府其實有提供金援，引發《太陽報》深入調查的興趣。巴菲特樂於和專業記者聯手，充當偵探走遍奧馬哈，以挖掘真相。他匯整男孩城的捐款資料，發現這家慈善機構每年寄發5,000萬封信，吸收到的捐款多得驚人（每年約2,500萬美元），現金總量每年以1,800萬美元的速度增加，是男孩城支出金額的4倍。現金目前已達到2億900萬美元（平均

每位院童可分得30萬美元），但該機構仍呼籲美國大眾慷慨解囊，它甚至握有2個瑞士帳戶。此外，男孩城對於接收到的捐款，缺乏財務管理系統可以好好控管，甚至沒做預算計畫。男孩城對大眾的捐款管理不善，我們都知道，這看在巴菲特眼裡，簡直就是罪大惡極。

獨家新聞

1972年3月，《太陽報》獨家披露男孩城的捐款內幕，報導曝光之後，隨即演變成全國性醜聞，男孩城的募款活動也跟著全部停擺。隔年，《華盛頓郵報》憑藉「水門案」的調查報導，勇奪新聞界最高榮譽普立茲獎（Pulitzer）；《太陽報》這家奧馬哈地方小報，也拜男孩城調查報導之賜，獲得普立茲「地方專題調查性報導獎」的殊榮。

陽光是最佳消毒劑：男孩城大改革

自醜聞爆發後，男孩城開始加強院童照顧計畫的支出，對自家財務也採取更開放透明的態度，該機構的董事會與管理階層都改組換血。男孩城不再自我封閉，接受專業顧問的指點，轉型為寄養家庭的模式，改讓收容的院童在一般家庭中成長，由已婚夫婦親自照料。

時至今日，男孩城在親職教育、兒童言語聽力損傷的研究治療方面，可說是全美首屈一指，財務透明度也得到很高的評價。

男孩城起死回生之際，《太陽報》的財務卻每下愈況，這家在奧馬哈只

能排第2的地方報，終於在1980年被賣掉，但接手的新東家芝加哥《海德公園先驅報》（Hyde Park Herald）發行人，仍無力幫《太陽報》重新振作，該報在1983年停刊。《太陽報》的死對頭《奧馬哈世界先驅報》卻活躍至今，報導範圍涵蓋地方、全國及國際事務。

學習重點

1.追求人生價值，而非短期獲利

巴菲特動用一點點資金來贊助報紙，可能頂多只能換來微幅報酬率，但有時候，從長遠來看，這是項值得的投資。巴菲特老說自己非常幸運，他能賺大錢，是因為運氣好，生在一個機制完善的社會：法治、財產權、強大的公民社會、連同新聞自由在內的權力制衡，這些都無比珍貴，讓我們得以自由的環境下繁榮發展。用1.5%的自家資金幫忙捍衛這些機制，巴菲特或許把它看成是為理想貢獻己力，8%報酬率若如願達成，就是額外收穫了，可惜未能實現。

2.繳學費

巴菲特認為，美國報紙潛藏一些很棒的商業特許權。以往若想替自家公司打廣告，無論你是要賣車、房子或雜貨，不得不靠地方小報，畢竟，大多數美國人住在只有單一報紙發行的城鎮。巴菲特花125萬美元投資《太陽報》，雖然報酬率偏低，卻能對報業經營有更深一層的認識，付這個學費也算便宜了。這回，巴菲特全神貫注要找出報紙的經濟效益，還有報業運作的細節，跟他早年一心想徹底了解保險業的做法，幾乎如出一轍。要不是他踏出第一步勇闖報紙界，就不會有之後《水牛城晚報》（Buffalo Evening News）豐厚的報酬率；投資《華盛頓郵報》時，更驚見

179

高達20倍的報酬率。時至2012年，波克夏海瑟威共收購了63家地方報。

3.抓住好人不放

利普西也和巴菲特結為好友。無論身為一個人或報紙發行人，利普西都有非常良好的個性特質。幾年之後，《水牛城晚報》陷入嚴重的麻煩，巴菲特說服利普西設法幫這家報紙脫離困境。利普西儼然已是深獲巴菲特信賴的重要人物，他執掌《水牛城晚報》長達32年，直到2012年功成身退。利普西退休後，巴菲特被問到利普西的成功祕訣，他的回答是：「他（利普西）對辦報有滿腔熱情，即使高齡85歲始終活力十足，而且保持正面積極的態度，他真的熱愛報紙。你只要結合活力與熱情，就會有難以置信的成果。（註❹）」

4.勿忘質化分析

要是有人這麼告訴你，巴菲特的成功，完全歸功於他對金融數字，以及金融市場瞭若指掌，跟你對話的這個人，並不真正了解巴菲特，其實，他很看重人際關係。除此之外，質化分析（qualitative analysis）也是巴菲特在投資市場占盡優勢的關鍵，儘管這種做法有不穩定及失準的風險。

註❹ 出自 2012 年 12 月 21 日的《水牛城晚報》（Buffalo News）。

◉更多保險

投資概況	時間（年）	1968 ～ 1969
	買進價格	各種少量金額
	數量	從缺
	賣出價格	從缺
	獲利	可觀，但隱藏在波克夏海瑟威控股公司的帳冊裡

　　1969年，巴菲特合夥事業（Buffett Partnership Ltd.）已變得相當複雜。大部分資金投資在上市公司的少數股權，其中又以2項主要部位為主：第一項是多元零售（Diversified Retailing，聯合零售商店），由合夥事業持股8成，蒙格（Charlie Munger）設在加州的投資基金持股1成，剩下1成由葛茲曼（Sandy Gottesman）的基金（第一曼哈頓公司）持有。

　　合夥事業也持有70.3%（98萬3,582股當中的69萬1,441股）的波克夏海瑟威（Berkshire Hathaway）。在總裁查斯（Ken Chace）的掌管下，這家公司已經脫胎換骨。

　　1970年初，查斯寫信給波克夏的股東，解釋發生了什麼事：「4年前，公司管理階層全心發展更持久、更一致的獲利能力，而只把所有資金投資

在紡織業裡，是做不到這一點的。（註❶）」他說，巴菲特起初拿紡織事業釋出的資金買進有價證券，「條件是收購的事業符合我們投資及管理標準。（註❷）」查斯無法獨立做到這件事，他需要巴菲特提供意見及分析能力，用銳利的眼光掃描多種產業，把資金從紡織業轉進其他商品和服務。

對於這項策略這麼成功，查斯驚嘆不已。他在1970年4月寫給波克夏股東的信中指出，競爭對手把自己局限在紡織業的框框，是極大的錯誤。他寫道：「持續把大量資金用來擴張紡織業的公司」，創造的「報酬率全然不夠」。相反地，波克夏進行兩件大手筆的公司收購。這兩項交易對波克夏挹注的金額，使得該公司得以締造「平均股東權益報酬率在去年超過10%，而我們投入紡織事業的資本報酬率，才不到5%。」由此，我們可以推論，這兩家收購企業創造的報酬率必然遠高於10%。當時，紡織事業只占用大約1,600萬美元的資本。

波克夏海瑟威蛻變為強大的控股公司

1968年到1969年的這2年，波克夏海瑟威出售所有的有價證券部位，其中大多是股票，以便能持有更多現金，為將來收購企業備妥銀彈。開心的是，查斯報告說，這些證券的獲利，在扣稅之後超過500萬美元。

直到1965年，波克夏的市值還不到2,000萬美元，淨資產價值是2,200萬美元，唯一的事業幾乎沒有獲利，因此，增加500萬美元的獲

利，是很了不起的事。

　　這項利得提供重要的資金，得以融通1969年收購伊利諾國家銀行
（Illinois National Bank）97.7%的股權，而為控股公司創造高報酬率（詳
見p.161）。這家銀行連同1967年以680萬美元買下的國家保障公司
（National Indemnity，資金來自波克夏的紡織業務），構成建設企業帝國
的強大支柱。1969年，這家保險公司又締造保險承銷獲利，因此，巴菲
特擁有國家保障公司及合夥公司國家火險及海險公司（National Fire and
Marine Insurance，1967年收購）的浮存金，作為零成本的證券投資資
金。波克夏的保險部門同時拓展業務，查斯的說明如下：

　　「我們新的擔保部門雖然規模小，但在這一年的進展良好。我們透過在
洛杉磯成立辦事處，進軍加州勞工薪資市場。我們新的再保險部門，似乎
取得強勁的起步……我們也計畫成立新的『本州』（home state）保險業
務。（註❸）」

　　這麼小型的公司就能想到再保險業務，證明巴菲特和查斯在很早期便有
遠大的構想。

註❶　出自 1970 年 4 月肯恩‧查斯致波克夏海瑟威股東的總裁信件。
註❷　出處同註❶。
註❸　出處同註❶。

更多公司加入旗下

　　波克夏也擁有《奧馬哈太陽報》（Omaha Sun），但它在財務上無足輕重。波克夏在1969年又買下2家小公司：分別是《奧馬哈太陽報》相關企業布萊克印刷公司（Blacker Printing Company，由波克夏百分之百持有），以及蓋特威保險經紀公司（Gateway Underwriting Agency，由波克夏持有7成股權）擴大了保險部門。蓋特威是一家躉售保險經紀商，至今持續為保險經紀人提供承銷機會。

　　這時候，巴菲特已宣布他希望專注在持有多數股權的公司，因此，查斯表示他預期不會再為波克夏公司「進一步購買有價證券」。這是一項十分有趣的聲明，因為波克夏公司日後以買進華盛頓郵報（Washington Post）和可口可樂（Coca-Cola）等上市股票，並大賺一筆而聞名。這項指標再度顯示，打造這家公司，並不那麼符合巴菲特的大計畫，而比較符合他的大原則（grand principles），這些原則在不同時候採取不同策略。

　　大原則包括：

◎追求高資本報酬率。
◎維持低風險，例如避免借取大量資金的風險。
◎做一個投資人，而不是投機者；也就是分析公司，追求合理報酬率及
　建立安全邊際。

資金運用

紡織事業占1,600萬美元的資本，伊利諾國家銀行占1,700萬美元的波克夏淨有形資產，保險公司則大約占波克夏公司1,500萬美元的資本。

把銀行與保險獲利加總起來，巴菲特估計「它們的一般經常性獲利能力約為每股4美元。（註❹）」就合夥事業平均支付每股14.86美元交換波克夏股票來看，這是相當好的水準。

況且，巴菲特認為，多元零售及波克夏海瑟威兩家公司，都有很好的未來成長前景：「我個人的看法是，多元零售及波克夏的內在價值，在未來都會大幅成長。雖然沒有人知道未來會如何，但如果成長率沒有接近每年大約10%，我會感到失望。股價往往在內在價值的附近大幅波動，但長期來看，股價幾乎總會在某個時點反映內在價值。因此，我認為，這兩檔股票應該是很好的長期持股，我很高興把很大部分的個人淨資產投資在它們上頭。（註❺）」

查斯和巴菲特皆明白表示，他們會繼續找尋收購標的。

註❹ 出自 1969 年 12 月巴菲特致 BPL 合夥人的信。
註❺ 出處同註❹。

學習重點

1.大原則比大計畫更重要

以合理價格買進低風險企業，並取得良好的已動用資本報酬率；以上的重要原則，可以不同的方式應用。在運用這些原則的同時，巴菲特及波克夏公司走上在一開始無法預見的方向。

2.內在價值才是焦點

市場或許會使股價在一段時間偏離其內在價值，但是終究會反映出來。

3.資本配置是巴菲特優良投資績效的核心

評估多種產業類別的公司，讓巴菲特及他的經理人得以避免目光淺短，不會只看某一類公司。配置到一家公司的資本，會產生資本機會成本，稱為次佳用途（next best use）報酬率。意思是，如果資金配置到A產業的一家公司，我們就必須記住，同一筆資金無法配置到B產業的公司。因此，要評估第一家公司10%的報酬率時，我們要跟次佳的其他用途比較，也就是配置到B產業（假設A及B產業的風險相同）。如果B產業的公司預估會創造每年9%報酬率，由於投資A而不是B產業，我們便創造了價值。如果評估許多公司和產業的其他用途，在更廣的選項範圍內，資本報酬率便可能會增加。

◉巴菲特的理智投資

儘管1969年時，巴菲特（Warren Buffett）忙著把更多子公司納入波克夏海瑟威公司（Berkshire Hathaway）旗下，他對其他股票買家的態度逐漸感到焦急。當時有一家大型共同基金的一名投資經理人，就他們公司推出的新顧問服務發表聲明，可以說明股票投資人的態度：

「美國與國際經濟的複雜性，使得資金管理成為一項全職工作。好的資金經理人不能只是每週，甚至是每日研究證券，而必須每分鐘都要研究。（註❶）」

對此，巴菲特依舊用他慣有的幽默風格加以回應，但是帶有一絲冷酷的理智：

「哇！發生這種事，讓我連出門去喝瓶百事可樂都會感到愧疚。當愈來愈多動機十足的人，拿著大量資金追逐有限的合適證券，結果將難以預

註❶ 出自 1969 年 1 月巴菲特寫給 BPL 合夥人的信。

測。就某方面來說，這頗值得一看，但是從另一方面來看，這很嚇人。
（註❷）」

下列建議，是巴菲特從葛拉漢（Benjamin Graham）學來的，他本人並
一再宣導：

◎投資就是要了解企業，為此，你需要進行徹底分析。
◎短期、甚至是中期的股票波動，通常與你的企業實際的營運狀況不相
　干，或是沒有關聯。長期來說，股市會反映公司的內在價值，但在這
　之前，會有很多個月（或是很多年），你可以確信股市將做些很奇怪
　的事。

不論在今日或1969年，這些建議都很貼切。

沒有股票可買

巴菲特接著表示，如果要秉持他的投資原則，已經很難找到值得投資的
公司：

「我要特別強調的是，目前適合投資的股票品質與數量，都是史上的最
低水準⋯⋯有時候，我覺得應該在我們的辦公室牆上，懸掛一幀德州儀器
達拉斯公司（Texas Instruments in Dallas）總部的匾額：『我們不相信奇

蹟，而是依賴奇蹟。』一個年老、過重的棒球選手，即使雙腿和眼力都大不如前，仍有可能在代打時把鼻尖前的快速球，擊出一記全壘打，但是你不會因此便調整上場順序。我們的未來受到一些重要的負面事業影響，雖然它們不致變得一無是處，但是必然不會超過溫和獲利率的平均水準。（註❸）」

以上的談話，包含一個正面訊息：假如你堅持穩健的投資原則，在找不到低價標的之際，便會暫停投資；而你的投資資金可以現金的形式累積。然後，等到有較多的低價標的，便能恢復投資。這種方法讓你可以不受市場氛圍感染。

低成本

同樣在這個時期，巴菲特針對節儉，以及一名成功的基金經理人，是否需要龐大研究團隊，做出一些評論：「1962年1月1日，我們整合數項合夥事業，從我的臥房搬出去，並雇用第一批正式職員。當時的淨資產是717萬8,500美元。從那時起到現在，淨資產達到1億442萬9,431美元，而我們只增加了一名支薪員工。（註❹）」

註❷　出自 1969 年 1 月巴菲特寫給 BPL 合夥人的信。

註❸　出處同註❷。

註❹　出處同註❷。

決定退休

　　巴菲特對投資環境感到十分生氣，因而宣布退休，年僅38歲。1969年5月底，他寫了一封信，讓合夥人大為吃驚。

　　巴菲特考慮到股市陷入惱人的氛圍，以及自己持續全心投入股票分析，影響家庭生活的個人成本。

　　18個月前，他第一次提到需要改變方向時，否認自己要辭職，而是說想要放慢腳步，以便有更多時間可陪伴家人，並從事其他活動，同時投入更多心力，以長期打造旗下公司，與他欣賞、信任以及景仰的人共事。巴菲特希望享受建立這些關係，即使這意味著他必須降低對每年資本報酬率的預期。

　　在這18個月期間，大多數合夥人都認為巴菲特應該要繼續做下去：因為即使降低報酬率預期，他仍會是一名優秀的資金經理人。但在1969年5月，巴菲特決定馬上就要結束合夥事業。

市場不再有利

　　首先，巴菲特說明他對市場的挫折感：

　　「①對重視質化因素的分析師來說，經過過去20年持續穩定的減少之

後，投資機會幾乎已全數消失；

②我們的1億美元資產，又把這個荒蕪的投資世界削掉一大部分，因為300萬美元以下的投資，不足以影響整體績效，這幾乎排除普通股市值不到1億美元的公司；

③大家密切關注投資績效，導致短期操作，以及（就我個人意見）市場變得更加投機。（註❺）」

即使巴菲特找到了低價標的（尤其是淨流動資產價值便宜的標的），通常都是他無法投資的小型公司，因為他必須買下極為龐大的股數，才能明顯影響投資組合績效。

巴菲特對追求短期操作的風潮感到厭煩。他想建立及拓展公司，不喜歡與炒短線的人競爭這種麻煩事。

個人理由

巴菲特惋惜地說，他先前已表達過，需要降低原先對合夥事業百分之百的關注。然而，在這個過程中，明顯可以看出來，是心態讓他無法放慢步調；他受不了讓人們失望，而且想把他的事做到最好：

註❺ 出自 1969 年 5 月巴菲特寫給 BPL 合夥人的信。

「過去這18個月以來，我完全不及格⋯⋯只要我『還在台上』、發布定期報告和承擔管理許多合夥人全部財產的責任，便永遠無法從事合夥事業以外的活動⋯⋯我知道，自己不想要一輩子都在追趕投資兔子。放慢腳步的唯一方法，就是停下腳步。（註❻）」

接著，他發布震撼彈：「因此，在年底之前，我打算把計畫退休的正式通知，寄給所有的有限合夥人。（註❼）」

為合夥人資金提供其他去處

巴菲特1969年的舉動，並不是完全拋棄合夥人。他有著強烈的責任感，考慮到假如合夥人不想親自投資的話，為即將從他那裡收回的資金，建議其他去處。他的想法，是基於下列目標：

◎**建議其他資金經理人**：這個人必須既正直又能幹。他們「或許跟我未來可以達成的績效一樣好，甚至更好（雖然絕對比不上他們或我以前的績效）。（註❽）」這並不是驕傲：巴菲特認為他無法再達成以前的成績。另一項標準是，經理人必須歡迎小額資金，願意接受財力有限的合夥人。

◎**合夥人可以選擇接受現金，以及／或是公司的有價證券**：那些公司是「我喜歡它的前景與股價，但合夥人想要的話，可以自由兌換成現

金。（註**9**）」

◎ **合夥人可以保持波克夏海瑟威與多元零售（Diversified Retailing）**
的股權：但是，他們被警告說，這兩項持股「並不能自由交易（因為
「控制」股與非註冊股，兩者皆受到多項美國證券交易委員會的限
制），它們可能會有很長一段時間無法被轉讓、也無法產生收益。
（註**10**）」

重大決策

基本上，巴菲特希望他的合夥人可以自由選擇收取現金，或是這兩家小
公司其中一家或兩家的股票，下檔的風險是流動性差，而且不配發股息。
你們想要怎麼做？

當然，事後來看，我們都應全部投資在波克夏海瑟威，由當初 1,000 美
元的持股變成百萬富翁。但在那個時候，波克夏包含失敗的紡織事業、一
家資本報酬率大約每年 20% 的奧馬哈小型保險公司、一家創造良好報酬率

註**6** 出自 1969 年 5 月巴菲特寫給 BPL 合夥人的信。
註**7** 出處同註**6**。
註**8** 出處同註**6**。
註**9** 出處同註**6**。
註**10** 出處同註**6**。

的小型銀行、一份小型報紙，以及另外幾家更小型的企業。多元零售根本不多元：它是一家連鎖零售商店，銷售廉價產品，大多設在城鎮裡的貧民區。在當時，這不是一項簡單的決定。

但對許多合夥人來說，影響他們決定的因素，是巴菲特表示他會繼續參與波克夏及多元零售這兩家公司。他們支持這個人，即使截至當時為止，這兩家公司成功經營的證據並不多。巴菲特明白表示他對這兩家公司的想法（注意他對人與人際關係的強調）：

「我極為喜愛經營我們旗下企業的全體人員（現在加入了伊利諾國家銀行及信託公司（Illinois National Bank and Trust），這家位於伊利諾洛克福德的銀行，規模超過1億美元，經營極為良善，今年稍早由波克夏海瑟威公司買下），並希望維持終身的關係。我絲毫沒有意願僅是為了取得一個高價，而出售一家由我仰慕的人經營的優良企業。然而，特定情況下，可能會讓某一營業單位出售。（註⓫）」

巴菲特希望轟動下台

巴菲特說，他對合夥事業還有一個最後目標：「轟動下台」。但他預期這無法實現，而且，1969年會是績效不好的一年。他最好的預期是「在扣除每月支付合夥人的獲利之後，1969年可以損益兩平。（註⓬）」

巴菲特承認，如果股市更有機會找到珍寶，他願意延後1、2年清算合夥

事業，「老實說，儘管先前幾頁設定許多因素，但假如我有一些很棒的構想，就會繼續在1970年，甚至是1971年經營合夥事業。不是因為留戀，而是因為我很想以『好年冬』，而不是『歹年冬』收場。然而，我看不到任何可以合理希望實現這種好年冬的跡象，我不希望四處摸索，用別人的錢去『試手氣』。我不習慣這種市場氛圍，也不想只是為了充英雄，而去玩不懂的遊戲，以致毀掉過去的輝煌紀錄。因此，我們會在今年清算持股。（註⓭）」

比爾・魯安獲推薦為基金經理人

巴菲特持續為合夥人創造報酬。但是他推薦的一流基金經理人比爾・魯安（Bill Ruane），1962年為客戶操盤的績效大跌了50%。1963年，魯安則只達成損益兩平。1969年至10月為止的9個月期間，也就是巴菲特在信中向合夥人推薦魯安時，他又虧損了15%。然而，我覺得這段投資故事很振奮人心，因為雖然魯安的短期績效不佳，巴菲特依然認為他是最佳人選。

關鍵問題是：為什麼？巴菲特認為魯安是優秀經理人的理由是什麼？首

註⓫　出自 1969 年 5 月巴菲特寫給 BPL 合夥人的信。
註⓬　出處同註⓫。
註⓭　出處同註⓫。

先，他的整體績效良好。1956年到1961年，以及1964年到1968年，魯安所有的客戶帳戶，達成每年平均40%以上的報酬率，這個績效比巴菲特還要好。更重要的是，魯安奉行穩健的投資原則。

投資人魯安

1949年，魯安從哈佛商學院畢業。然後，他便踏上由長春藤學校直通華爾街的熟悉路徑。然而，在此時，巴菲特在他的傑出演說〈葛拉漢及陶德村的超級投資人〉（1984年在哥倫比亞大學發表（註⓮））中提及，「他明白自己需要扎實的商業教育，所以去修葛拉漢在哥倫比亞大學教的課。」時年21歲的巴菲特在那裡結識魯安，當時是1951年。巴菲特因而了解魯安的教育背景。

巴菲特認為，魯安是一名真正的投資人，並表示「綜合評比正直、能力，以及為所有合夥人持續服務等要素，他的得分最高。（註⓯）」在信中，他接著稱讚他的人格：「從那時起，我有很多機會觀察他的個性、脾氣，以及聰明才智。如果蘇珊和我過世，而孩子們仍未成年，他是投資事宜全權委託的3位受託人之一；不過，另外2位受託人，無法為所有大小合夥人持續管理投資。（註⓰）」

合理的警告

巴菲特極為理性及誠實，就算可能性再低，也不會在沒有核對是否可能看錯人之前，便推薦人選：

「在評判人們時，無法消除我們看走眼的可能性，尤其是有關未知環境下的未來行為。然而，無論是主動或被動，我們都必須做出決定；我認為，比爾在個性方面，是正確率超高的人選，投資績效方面的正確率也高。我同時認為，比爾在未來許多年，都很可能將持續擔任資金經理人。（註**⑰**）」

葛拉漢及陶德村的投資人，往往持有相同的股票嗎？

巴菲特指出，雖然同樣師出葛拉漢及陶德（David Dodd），魯安的投資風格與他不同。他們在同時間持有的相同股票非常少。

的確，在哥倫比亞大學的演講，巴菲特強調8位直接受教於葛拉漢的價值型投資人的績效，而他們持有的投資組合往往完全不同。況且，他們各有不同的價值型投資風格，例如，1954年葛拉漢紐曼公司（Graham-Newman Corporation）4名「農民（註**⑱**）」之一的華特・史洛斯（Walter Schloss），聚焦在量化資料，投資組合極為分散（超過100筆投資），而在加州的蒙格（Charlie Munger），持有集中型的投資組合，持股都是擁有強勁經濟特許權的公司，而不重視資產負債表。

註**⑭** 出自《智慧型股票投資人》（The Intelligent Investor），葛拉漢著。
註**⑮** 出自 1969 年 10 月巴菲特寫給 BPL 合夥人的信。
註**⑯** 出處同註**⑮**。
註**⑰** 出處同註**⑮**。
註**⑱** 「農民」的意思，是非合夥人的分析師。

不過，葛拉漢與陶德投資人有許多共同點，例如，分析企業而不是分析股市波動：

　　1.建立安全邊際。

　　2.只追求合理報酬率。

　　3.了解及利用市場先生的情緒，而不是被捲入情緒之中。

比爾・魯安先前僅操作過小額資金

　　直到巴菲特推薦之前，魯安操作的資金約為500萬美元到1,000萬美元之間，然而，等到1969年時，已經由2,000萬美元大幅增加到3,000萬美元。巴菲特確實擔心魯安如果必須操作更龐大的金額，可能會遭遇以下問題：

　　◎資金規模「往往會減弱績效。（註⓳）」基於最低市值門檻被提高，可供選擇的低價標的就更少了。

　　◎他可能會被管理基金的瑣事絆住，而不能把全部時間用來思考投資。

　　◎如果他表現良好，很有可能「即使是優異的投資管理，在未來10年能超越被動式管理的優勢也很有限（註⓴）」，原因是他必須經歷奇特的市場時期。

　　儘管有這些負面因素，巴菲特表示它們「並不是導致糟糕績效的缺陷，較有可能是造成績效平庸。我認為，這是你們面對比爾的主要風險；而績

效平庸並不是那麼嚴重的風險。（註❷❶）」魯安設立紅杉基金（Sequoia Fund），來管理巴菲特合夥人投入的資金。

巴菲特的合夥事業解散

1969年11月底巴菲特正式發出30天前的通知，表明將從合夥事業退休。在先前的信，他說明每位合夥人預期將收到相當於加入合夥事業那年56%持分的現金。但因他賣股的所得高於預期，1970年1月時達到64%。

此外，他們將按照比率，配到多元零售及波克夏海瑟威公司的股票。不過，假如他們選擇處置這些股票，便可得到更多現金，相當於1969年1月1日資本的30%到35%。就算是這樣，仍會有一些資金綁在股票上。巴菲特預計要在1970年上半年賣出這些股票，因此，可能得到更多現金支付。巴菲特極為理性，不想匆忙賣股，所以也有可能過了1970年6月之後，仍有一些股票尚未出清，必須做最終結算。

兩家公司

1969年底時，巴菲特合夥事業持有：

註❶❾　出自 1969 年 10 月巴菲特寫給 BPL 合夥人的信。

註❷❶　出處同註❶❾。

註❷❶　出處同註❶❾。

◎多元零售公司100萬股當中的80萬股。多元零售百分之百持有聯合零售商店（Associated Retail Stores）。

◎波克夏海瑟威98萬3,582股當中的69萬1,441股（70%）。

巴菲特不希望吹噓持有這兩家公司股票的吸引力，而是讓合夥人知道他會把大部分個人財富投入這兩家公司，而且，他相信公司的前景良好。

卸下合夥人信託責任？

巴菲特坦率地宣布，他與合夥人之間的關係即將改變。對持有多元零售及波克夏海瑟威公司股票的人，巴菲特只是另一位股東及公司董事。他將不再肩負執行合夥人的道義或法律責任。巴菲特這麼說固然沒錯，但我們早已知道，依照他的天性，是不會捨棄管家責任，或是家長式領導的。

假如你對巴菲特有一點了解，尤其是假如見過他本人的話，你就會知道他對待股東，就跟對待合夥人一樣。他歡迎所有的波克夏股東前往奧馬哈，竭盡全力讓他們了解公司。他還免費提供管理與投資服務。

但當年，他就是想卸下責任的重擔。他在1969年12月5日的信中表示，不想必須承擔永遠持有這些股票的責任，以及必須一直投入他的時間在這些股票上：

「我想強調的是，未來，我不再是你們持有的這些股票的經理人或合夥

人。你們在未來可隨意處置你們的股票，當然，我也會這麼做。我想我很有可能維持我在多元零售及波克夏的投資很長一段期間，但我不想暗示長期持有的道義責任，也不希望未來無限期向別人就他們的持股提供意見。當然，這些公司會把它們的活動告知全體股東，你們會收到它們發布的報告，或許是半年期報告。如果繼續持有這些股票，而我全心預期自己會這麼做，參與公司活動的程度，就會取決於我其他的興趣。我可能會在決策方面擔任重要職位，但不想負擔被動型股東以外的責任，除非我又產生了其他興趣。（註❷）」

註❷　出處同註❶。

學習重點

1.**市場情緒可能讓價值型投資人猜不透**
   這時候需要謹慎。

2.**缺少有良好安全邊際的投資時，在投資組合持有高現
   金部位，是一項合適的策略**

3.**對你的商業合夥人要誠實、正直，以及恪盡職責**

4.**短期（1年左右）的績效統計數字，絲毫不足以評估投
   資能力**
   如果遵守穩健原則，自然會創造績效。

5.**小型投資人擁有一項優勢**
   他們可以投資市值小的公司，從而擴大投資範疇。

第19筆

◉ 藍籌印花（Blue Chip Stamps）

投資概況	時間（年）	1968 迄今
	買進價格（美元）	3,000,000 ～ 4,000,000（最初）
	數量（公司股數占比，%）	7.5（最初）
	賣出價格	被納入波克夏海瑟威
	獲利（美元）	數億

　　1969年底，巴菲特合夥事業（Buffett Partnership Ltd.）持有大量藍籌印花（Blue Chip Stamps）股權，約占基金的6%。巴菲特（Warren Buffett）從1968年開始建立股權，當時藍籌印花的市值約4,000萬美元。查理·蒙格（Charlie Munger）和他的朋友、同為葛拉漢（Benjamin Graham）學生的瑞克·葛林（Rick Guerin），也看中該公司的機會，而買進股票。

　　連同其他股票，巴菲特這時打算賣出合夥事業持有的37萬1,400股藍籌印花公司股票（占該公司7.5%股權），以便把現金退還給合夥人。他原以為他能用每股24美元賣出。但股市下跌，股票價格不斷滑落。

　　最後，少量持股轉售給他人，但大多數股票留了下來，直到巴菲特可找到「更有利的處置方式，或是最終分配給我們的合夥人……即使要等上1年

203

或2年。（註❶）」結果，這項強迫性持股大賺一筆。

首先，我們來回顧當初巴菲特合夥事業為何要投資藍籌印花公司。

印花事業

1960年代後期到1970年代初期，很流行收集零售商的贈品印花。購物之後，除了找回的零錢，你還會拿到一長串的印花，加油站就贈送許多印花。你把印花帶回家之後，放進冊子裡保存，往往多達數頁。印花冊子可用來兌換烤吐司機、水壺、桌子等。這項業務的美妙之處，在於藍籌印花公司向零售商收取費用——預付款。等到日後，這筆現金會用來購買烤吐司機等商品。

重要的是，從零售商支付印花預付款到客戶使用印花這段時間，藍籌印花公司坐擁大筆現金——浮存金。這讓你聯想到巴菲特的什麼事業？當然，就是保險業，人們老早預先付款，很久之後才申請理賠。除了浮存金，若是人們因為遺失、點數不足，或是根本忘記有印花這件事而沒去兌換，藍籌印花公司又賺到一筆。

藍籌印花公司每年出售給零售商的印花約為1億2,000萬美元，浮存金

註❶ 出自 1969 年 12 月巴菲特致 BPL 合夥人的信。

介於6,000萬到1億美元之間。

藍籌印花公司股價在1960年代後期為何低廉？

1956年，藍籌印花公司由9家大型零售集團成立。這些公司發放印花，包括加油站在內。其他零售店也可以發放印花，但無權插手公司經營，也不得分享利潤。這些小型零售商明白，藍籌印花可能在剝削他們，因此一狀告進反托拉斯當局，1967年，迫使該公司完全改組。

結果，該公司必須增發新股，相當於55%股權，新股發售給小型零售商。沒有賣給零售商的股票，可以在公開市場出售。

數千家小型零售商被強行認購股票，造成股價下跌。當時，巴菲特、蒙格和葛林便大量買進。

巴菲特在2006年給合夥人的信中，談到藍籌印花公司：

「每隔一陣子，查理和我會在一開始便趕上一股浪潮般的趨勢，商業前景無窮的趨勢……我們兩人在1970年加入贈品兌換事業，買下一家兌換印花公司——藍籌印花。那一年，藍籌印花的銷售額是1億2,600萬美元，印花是在加州印製。1970年，大約600億張印花被客戶沾口水貼到收集冊，攜往藍籌兌換商店。我們的贈品目錄厚達116頁，充滿吸引人的商

品……人們告訴我，甚至連一些妓院及殯儀館都發印花給客人。（註❷）」

　　巴菲特及蒙格最後加入藍籌印花董事會，接管投資委員會。因此，巴菲特又有一大筆資金可運用。

巴菲特運用藍籌印花資金的實例

　　藍籌印花投資的公司之一，是1973年的時思糖果（See's Candies）。波克夏海瑟威公司迄今仍擁有這家公司。時思糖果是在1973年，用2,500萬美元買進的，後來只新增4,000萬美元的投資資本，便創造超過19億美元的稅前淨利。這個有趣的故事，會在下一章詳細介紹（詳見p.208）。

註❷ 出自 2006 年巴菲特致波克夏海瑟威股東的信。

學習重點

1. **浮存金是熟練的投資人，利用資源以增加更多報酬、提供無息資金的實用方法**
   許多種類的企業都有浮存金（可供一段時期投資的儲備資金），不只是保險業。例如，贈品兌換印花，耶誕禮籃俱樂部以及一些度假公司。

2. **有很多人不情願持有股票時，便可能浮現買進機會**
   如果許多股東對該公司沒有特別中意的話，股價便可能被壓低。

3. **業務走下坡的公司，未必會成為差勁的投資**
   假如能重新分配資源，以創造優越報酬率，結果可能會不同。

4. **與志同道合的投資人合作，可以形成更大的影響力，進而為全體股東創造更好的成果**
   藉由與巴菲特合作，蒙格及葛林得以掌控藍籌印花，使收益來源變得更好。

第20筆

時思糖果（See's Candies）

投資概況	時間（年）	1972 迄今
	買進價格（美元）	25,000,000
	數量（公司股數占比，%）	100
	賣出價格	仍屬於波克夏海瑟威
	獲利（美元）	2,000,000,000（持續增加中）

　　巴菲特（Warren Buffett）39歲那年，已為合夥人操盤超過13年，合夥人獲得23.8%的複合年報酬率，這是扣除巴菲特管理基金的費用之後。未扣除費用的話，年報酬率高達29.5%，而同時期的道瓊工業指數（Dow Jones Index），年報酬率是8%。投資人若是在1957年投資巴菲特1萬美元，在1970年可得到大約16萬美元。

　　1969年，合夥事業即將解散之際，合夥人達99名。有些人想拿回投入合夥事業的全部資金，並出售波克夏海瑟威（Berkshire Hathaway）與多元零售（Diversified Retailing）的配股。其中在合夥事業價值的64%，他們以現金的方式領取，其餘大多是這兩家公司的股票。合夥事業基金持有37萬1,400股的藍籌印花（Blue Chip Stamps）股票（該公司7.5%股票），巴菲特預計很快可以出售，然後把資金還給合夥人。

許多合夥人得知他們的朋友巴菲特，即將取得波克夏海瑟威及多元零售的多數股權之後，決定搭順風車，至少保留部分這兩家公司的持股。儘管巴菲特先前已表示，這些股票流動性甚低，而且不發股息。不過，合夥人普遍的態度是：如果巴菲特喜歡這些股票，他們也喜歡。知道巴菲特買進這些股票，那就夠了。

巴菲特持有1/4的合夥事業基金，表示他很有錢：這時跟掙幾分錢的孩童時期已是不可同日而語。一個選項是退休，享受安逸和奢華的人生，但這點不吸引他。他喜愛商業的樂趣，遊戲般的腦力激盪，以及如同在一塊大畫布上不斷作畫的生活。

雖然他確實有其他活動，像是督導巴菲特基金會每年發放50份獎學金給非裔大學生，他依然投入事業。現在的重點十分明確，是擺在巴菲特持有大量股權的公司。

日常公事

巴菲特是在基威特廣場（Kiewit Plaza）的一間小辦公室掌控他的王國，距離他奧馬哈的住家只有幾個路口。通常從早上8點30分到下午5點的辦公時間，他都在打電話（包括固定和蒙格（Charlie Munger）講電話）或閱讀。這個公司總部只有4名或5名助理在協助雜務，像是與股票經紀商交易、記帳，以及郵件通訊。

投入他的公司

巴菲特決定把他的大多數財富投入波克夏海瑟威。除了他從合夥事業基金配到的波克夏股票之外，他迅速加碼買進，使得他和妻子蘇珊（Susan Buffett）控制的股權，在1970年春天達到大約29%。當時的股價約為每股43美元，因此，他的持股市值約為1,200萬美元。

同時，他把多元零售的持股，擴大到占總股數100萬股的40%。當時該公司股票每股約為12美元（依據淨有形資產），所以，他的持股約值500萬美元。

他還需要處理藍籌印花公司的問題。由於未能在1969年賣掉，這些股票如今被擱置，等候處分。他決定自己保留其中一部分。起初，他只保留藍籌印花股票當中的個位數比率，但在那一年年底時，升高到2位數。

如果想要的話，巴菲特大可把雙手擺在後腦、向後靠著椅背坐著，享受為他賺賤的神奇裝置：肯恩·查斯（Ken Chace）經營紡織事業、尤金·阿貝格（Eugene Abegg）經營伊利諾國家銀行（Illinois National Bank）、傑克·林華德（Jack Ringwalt）經營國家保障公司（National Indemnity）、班傑明·羅斯納（Benjamin Rosner）經營聯合零售商店（Associated Retail Stores），此外，他還有可信賴的人，經營一些較小型的公司。巴菲特只要閱讀這些卓越經理人寄來的財務月報，錢就會源源不

絕流入。

　　但他沒有，這些公司創造剩餘的現金，可以部署到其他地方。這很誘人：是可供投資的現金流量！而且，這些公司都擁有種類各異的浮存金。巴菲特必須妥善配置這些資金，他很享受找尋新寶物的樂趣。

1970年，巴菲特持有3家具潛力的公司

1.波克夏海瑟威

　　憑藉29%的波克夏海瑟威投票股權，加上其他忠誠的股東，其中不乏以前的合夥人，巴菲特可獨霸董事會和資本配置決策。波克夏已由1960年代中期只經營紡織業、有形淨資產2,200萬美元的公司，蛻變成為有形資產5,000萬美元的小型綜合集團。資金平均分配給3家各具特色的公司：

1. 獲利微乎其微的紡織事業：1969年算是獲利較好的一年，已動用資本報酬率為5%。
2. 不久前收購的伊利諾國家銀行（洛克福德銀行）。
3. 一家保險公司。該公司已由汽車保險，擴展到勞工薪資保險及再保險事業。對巴菲特最具意義的是，這家公司既有可創造保險業務利潤的經理人，又有3,900萬美元浮存金可供投資。

　　波克夏公司還有200萬美元投資多項資產。扣除收購洛克福德銀行的

700萬美元貸款之後，淨有形資產是4,300萬美元，約等於波克夏海瑟威的市值。為求詳盡，我還必須提到波克夏海瑟威擁有《奧馬哈太陽報》（The Omaha Sun）及布萊克印刷公司（Blacker Printing），不過，它們規模很小，在這家控股公司的未來也無足輕重。

總體來說，波克夏海瑟威公司在1969年的平均股東權益報酬率超過10%，另外，銀行與保險事業的報酬率合計也超過10%。

如果分開來看，巴菲特曾在1969年說過，國家保障公司創造20%的已動用資本報酬率。

巴菲特估計，銀行與保險事業的獲利能力加總起來，約是400萬美元（預期數字，但部分是依據過去的證據）。投資這些有形資產的3,200萬美元，創造400萬美元現金流量，等於12.5%的資本報酬率。

你會在1970年投資波克夏海瑟威嗎？

我想你會同意這些數字很不錯，但毫不起眼，看不出來波克夏海瑟威有朝一日將成為美國4大公司之一。其實，如果我搭時光機回到1970年，被找去分析波克夏海瑟威，我或許會認為，儘管這家公司有位偉大的掌舵者，公司業務卻很普通，而且基本上，無法證明它有能力創造高水準的已動用資本報酬率。因此，股價沒有超越每股帳面價值，並不令人意外。

未能顯示強勁未來成長的公司，很難讓人留下印象。

假如有那麼一天，我突然靈光乍現，或許就會注意到波克夏擁有可供投資用途的銀行利潤、3,900萬美元的保險浮存金、縮減之後的紡織業微薄利潤，以及保險承銷利潤。所以，巴菲特每個月都會有一些現金可投資。如果他有更多保險公司、更多浮存金，就更好了。

當然，大多數保險浮存金必須存放在非常安全的投資，也就是美國國庫券和公債，而不是股票，才能作為保險理賠的準備金，不過，還是會剩下一部分可投入股市，讓巴菲特發揮他的魔法。但這只是說得好聽而已，至少就眼前的未來而言是如此，因為巴菲特在1970年並未參與股市，理由是找不到適合的標的。

冷靜評估的話，我或許會看著巴菲特介入的事業，就是一家勉強營運的紡織公司、新收購一家老邁創辦人想退休的銀行，還有一家小型保險公司，而認為無論巴菲特多麼努力划槳，這艘船都走不了多遠。巴菲特說過，他只預估400萬美元的獲利將以每年10%的速度成長。這不是什麼了不起的速度，因為如果沒有配息的話，有形淨資產也是以相同速度增加。

了解1970年波克夏海瑟威的平庸商業背景，更能凸顯巴菲特的故事不是必然的成功，或是無法逆轉的輝煌命運。在他的生涯中，有許多次，巴菲特都發現自己拿到遲鈍的工具和不成形的材料。他必須把它們變成美妙

的事物。

2.多元零售

　　第2家有潛力的公司是多元零售。巴菲特在1970年代初期，持有這個有80家分店的服飾連鎖店40%的股權：聯合棉花商店（Associated Cotton Shops），後來更名為聯合零售商店。這家公司的稅後淨利約為100萬美元，相當於20%的已動用資本報酬率。

　　多元零售公司不久前才出售霍奇查爾德柯恩百貨公司（Hochschild-Kohn），由買家綜合超市（Supermarkets General）那裡拿到504萬5,000美元的現金。此外，多元零售還持有綜合超市的債券，其中200萬美元將於1970年初償還，另外的454萬美元則預定在1971年初償還。因此巴菲特預料接下來幾個月，能拿到合計1,100萬美元的現金，這又是一桶可用來投資的資金；若公司與股票再次出現低價，他已準備好出擊了。

3.藍籌印花公司

　　第3家有潛力的公司是藍籌印花，但這家公司實在叫人心煩。印花兌換業務已瀕臨死亡，業務方面已完全不具價值。巴菲特在1969年12月31日寫給合夥人的信，曾表明他的意圖：「以有利的方式處置，或是最終分配給我們的合夥人」。不過，現在，他似乎另有打算。這是可供他投資的另一桶金，藍籌印花的浮存金甚至比波克夏還多，將近6,000萬到1億美元之間，而且，由巴菲特與蒙格主持投資委員會。

令人興奮的未來等在前方

因此，從營運公司的觀點，我們看到巴菲特作為一群小型公司主控者的新生涯，有了一個不起眼的開端。他如何打這一手牌，是一個引人入勝的故事，我們可以從中學到許多如何配置資金、鼓勵人們，以及挑選股票的教訓。

巴菲特接下來兩年要怎麼做？

這個人生新階段一開始，巴菲特遭遇兩股力量，而且可能是互相衝突的力量。首先，這些經營事業的公司（多數）都在創造現金。1970年的稅後金額是500萬美元，其中400萬美元來自波克夏，100萬美元來自多元零售。不過，成長率驚人：1972年，單是波克夏的營業利益，便有1,110萬美元。第2股力量是巴菲特無法把大多數資金投資在股票，因為他找不到很多低價標的。

巴菲特有優秀人才在管理他的公司，他們了解他要求新投資的每一分錢，都要創造令人滿意的報酬率；如果接下來要投資的錢，無法創造足夠的報酬，就該把錢交給巴菲特，轉而投資到其他地方。再複述一遍，這些卓越的企業管理人才如下：

◎傑克・林華德，66歲，把國家保障公司經營得有聲有色，創造2位數報酬率，為波克夏公司拓展賺錢的保險事業。再保險在1972年成長為龐大事業。另外，收購了一些小保險公司。

◎尤金・阿貝格，73歲，經營伊利諾國家銀行，擅長為波克夏創造資本報酬率。

◎肯恩・查斯，55歲，負責波克夏海瑟威紡織事業的存續，同時削減使用的資本，後來縮減到占波克夏淨資產的1/5以下。

◎班傑明・羅斯納，70歲，經營多元零售的聯合零售商店，創造淨有形資產的20%報酬率。

除了公司營運的現金盈餘，巴菲特可運用他控制的浮存金：1972年，保險浮存金增加到6,950萬美元；多元零售在1971年初，有大約1,100萬美元現金，藍籌印花有6,000萬到1億美元。

因此，巴菲特至少有3桶金，可用做未來的投資。每一桶金各有不同的少數股東，可分享它們的價值。巴菲特把這些股東視為忠誠與信任他的合夥人，認同他的價值觀，巴菲特對他們也一視同仁、公平對待。現在，我們來看看巴菲特以可運用現金，買進的投資標的之一：時思糖果。

時思糖果

時思太太

時思太太（Mrs See）是時思糖果的行銷人物，那是一幀印在包裝盒上的

舊照片；不過，時思太太確有其人。她叫瑪麗（Mary），是查爾斯·時思（Charles A. See）的寡母。這對母子和她的媳婦佛羅倫絲（Florence），1921年時，在他們的帕沙迪那（Pasadena）平房一起製作糖果銷售。他們那些高品質、老式口味的糖果，很快便名聲大噪。之後幾年，他們在整個加州開設分店，成為家喻戶曉的店家；人們都是吃著時思糖果長大的。1949年，查爾斯的兒子勞倫斯（Laurence）接掌78家分店的營運。勞倫斯的弟弟哈利·時思（Charles B. 'Harry' See）也在公司任職。

查克·哈金斯

查克·哈金斯（Chuck Huggins）後來成為巴菲特在時思糖果的關鍵人物，提供大約20億美元現金給巴菲特去投資其他公司，因此我們不妨來談一下此人的背景。生於1925年，他是二戰時的傘兵，後來研習英語。銷售人員做了一段時間之後，勞倫斯·時思跟他面試，在1951年聘雇了他。起初，哈金斯擔任總經理，負責許多雜務，他的才能使他快速升遷。1969年，勞倫斯·時思過世，得年57歲，他的弟弟哈利不願意接手經營公司；據說，他比較想去享受「美酒及女人」。查克這時已是150家分店的副總裁，被指派去找尋買家。

藍籌印花有興趣入主

藍籌印花的一位投資顧問羅伯特·福蘭賀提（Robert Flaherty），發現時思糖果在1971年時求售。他和藍籌印花的一名高階主管威廉·蘭西（William Ramsey），打電話給巴菲特，表明他們有意收購。巴菲特的

第一個反應,是他不想介入糖果事業,而且認為那類公司很昂貴。說到這裡,便掛斷了電話。

等到福蘭賀提及蘭西重新接通電話之後,巴菲特已看過時思的帳目,他的立場軟化了:他很樂意收購,而且願意付出高價。1971年11月底時,巴菲特、蒙格(Charlie Munger)和葛林(Rick Guerin)前往一家洛杉磯飯店,會晤哈利‧時思及查克‧哈金斯,他們兩人根本搞不清楚這些投資人是何方神聖,只知道他們經營一些小型投資機構。

蒙格是加州人,很熟悉時思這個品牌在加州的好名聲。時思的品牌很有分量,競爭對手即使想試著搶攻市場,也必須花上一大筆錢,才能從它們手中搶走大量市占率。時思擁有幾近狂熱的、強大的品牌忠誠度。

過了一段時間之後,巴菲特說他有興趣收購該公司,但首先想知道以後誰來經營。巴菲特明白表示,他這裡沒有人可以負責。哈利回答,哈金斯是合適的人選。藍籌印花的3名代表詢問,哈金斯能否在隔天跟他們見個面,哈金斯依約前往。在這場第2次會議的3小時質問時間,哈金斯將這個公司的弱點與優點說明得一清二楚。

哈金斯心想,這些聰明人反正遲早會發現弱點,不如早點坦白。此外,如果成交,哈金斯會在他們手下工作,最好在誠實的基礎上建立關係。他的正直、務實和理智,給巴菲特、蒙格與葛林留下深刻印象。

哈金斯本人也對他們留下深刻印象。巴菲特提出尖銳的問題，而且聚焦在核心事業議題上。因此哈金斯確認自己會與聰明絕頂、關注事業的上司共事，而這些上司極為重視正直與榮譽。舉例來說，他們希望哈金斯保持時思家族為企業文化塑造的高度道德感，不斷增強品牌名聲，並提供最高標準的服務。

他們希望哈金斯按照一直以來的方式經營公司，畢竟，他比他們更加了解營運、員工及客戶。他們的角色，是長期照料這家公司，確保有足夠資本支援、提升價值，以及拓展高階主管的視野。

哈金斯對巴菲特、蒙格及葛林留下良好印象，因而充滿熱情，如果藍籌印花最後收購成功，他會竭盡所能來協助公司發展。但在此時，藍籌印花還沒有決定要收購。

交易

1971年11月時，巴菲特和蒙格仍猶豫要不要收購。畢竟，該公司淨有形資產只有800萬美元，稅後淨利200萬美元。因此，他們覺得從資產負債表和獲利的角度來看，3,000萬美元的出價似乎偏高。蒙格投資基金惠勒蒙格公司的合夥人伊拉‧馬歇爾（Ira Marshall）說服他們，這是一家特別的公司，值得更高的價格，於是，蒙格轉而去說服巴菲特。除了上述數據，另外有一項很棒的因素：25%的稅後淨有形資產報酬率。

此外，時思當時的糖果售價，跟主要對手羅素斯托福（Russell Stover）差不多，但藍籌印花團隊認為，該公司擁有未開發的定價能力，長期下來，必可設定高於羅素斯托福的價格。他們的計算是，如果藍籌支付2,500萬美元，200萬美元的稅後淨利，相當於8%的收益率，而這還是在沒有調漲糖果價格之下（1971年11月，美國10年期公債殖利率是5.8%）。

　　但如果利用巴菲特逐漸相信的「未開發定價能力」，不用多久，獲利便可由稅前400萬美元，增加到650萬到700萬美元。只要每磅糖果的價格調漲15美分就行了（當時的價格為1.85美元）。

　　由於巴菲特堅守葛拉漢（Benjamin Graham）的原則，因此他願意開出淨有形資產價值的3倍價格去收購一家公司，已是大躍進了，更別說這個數字，高出淨流動資產價值好幾倍。他接受讓蒙格及他人擴大他的界限，納入他認為屬於自己能力圈內的優秀企業。

　　儘管他的立場轉變，巴菲特及蒙格堅持2,500萬美元的上限，如果對方要求更高的價格，他們便打算取消交易。這跟哈利・時思想要的價格有一大段差距。

　　最後哈利接受2,500萬美元，以便去過逍遙人生，這件交易案在1972年1月3日完成，藍籌印花買下公司99%股權，其餘1%在1978年收購。

收購之後

在同意收購的同時，升任總裁及執行長的哈金斯，與巴菲特談妥一項非常簡單的薪酬方案。兩人只談了5分鐘，也沒有書面文件，但是持續了數10年。

巴菲特忠於本性，開始研究這家公司的主要層面，尤其是財務，像是砂糖和可可期貨。哈金斯不需要定期會晤巴菲特，或是藍籌印花與波克夏公司的任何人。然而，巴菲特期待收到報告，因此，他經常收到銷售和其他統計數據。值得注意的是，他想看到數據，並不是為了指示哈金斯如何銷售更多糖果或改善業務，他只是對績效感興趣，特別是針對已動用資本報酬率。

雖然巴菲特沒有定期打電話給哈金斯或監督他，但假如哈金斯需要諮詢的話，還是隨時可以找他。他可以在任何時候打電話給巴菲特，巴菲特總會接電話，萬一沒空的話，也會在1個小時內回電。

他們雙方都認為，他們的關係比較像是朋友及知己、夥伴及對等的兩人，而不像是上司與雇員。巴菲特從未命令哈金斯去做任何事，而是在必須做決策時，幫忙檢視選項。運用他對商業成敗深入與廣泛的了解，巴菲特或許會提出一些哈金斯沒想到的選項。但他不會堅持，只是問一下哈金斯在做決策時，是否要考慮這點或那點。

糖果本業

　　時思從未偏離高級糖果事業的既定道路。大幅改變事業或分散化經營，並沒有什麼道理可言。製造與銷售糖果是時思的專長，而且在這些領域擁有持久的競爭優勢。為什麼要做其他事情來稀釋主管精力，或是進軍到其他領域，而那些購買他們糖果的民眾，並不在意這方面的高品質名聲？巴菲特和哈金斯一致認為，必須不斷擴建他們的本業，深化及拓寬他們的競爭優勢，產品品質絕對不能打折扣，只使用最好的原料，不含防腐劑，客戶服務絕對不馬虎，即使如此可能波及短期獲利。

　　巴菲特說，投資人永遠不能停止學習，他本人也一直在學習，即使他是葛拉漢的門徒，而且有數十年經驗。時思公司正是一名優良講師，凸顯一個品牌在人們心中情感的重要性；巴菲特稱之為心靈占有率（mind share），是相對於市場占有率（market share）的概念。這可為糖果漲價奠定基礎，並創造超高的已動用資本報酬率。這個觀念促成日後更多重大決策。巴菲特表示：「持有可口可樂（Coca-Cola）或其他股票是一回事，但當你真正參與企業開設分店及定價決策，會學到很多。我們從時思賺到的錢，多過時思獲利顯示的數額，因為它確實教給我一些事情，我確信查理也受惠良多。（註❶）」

註❶　引述 2012 年 9 月 3 日出刊的《財星》（Fortune）雜誌，Daniel Roberts 撰寫的〈時思糖思的祕密〉。

嘗試展店

1972年，時思有167家分店。每隔一陣子，管理團隊和巴菲特及蒙格都會猜想，他們是否因為沒有在美西、尤其是加州以外的地方展店，而錯失潛在的可觀利潤（所謂的「可觀」，是指與投入的資本相比之後）。

因此，他們投入很有限的資金，嘗試在其他地方成立時思門市。舉例來說，1980年代後期，他們在科羅拉多、密蘇里和德州成立分店。但這項嘗試並不成功，因為沒有好好打響品牌知名度，公司便撤退了。這些州的居民並不想付出高價，來購買不熟悉的糖果品牌。所以，1980年代仍只有大約200家以上門市，約與今日相同。

不過，另一項展店嘗試就很成功。雖然巴菲特自稱是個不懂新科技、不碰電腦與網路的老人家，但事實上，他充分掌握新科技的潛力。1998年推動線上銷售策略的人，正是巴菲特，如今，這已成為時思重要的營收與成長來源。

我們先前已看到，巴菲特習慣挽留有能力及經驗豐富的經理人。他設法勸說哈金斯一直工作到81歲。退休時，哈金斯已在該公司工作54年，而且是在年僅33歲時，便升任執行長了。

2006年，在保險事業為巴菲特工作數十年的布萊德‧金斯勒（Brad

Kinstler）奉命掌管時思。在金斯勒任內，這家公司基本上沒什麼改變。即使到了2012年，211家門市全部位於芝加哥以西，其中110家設在加州。時思的門市都設在顧客對這種糖果情有獨鍾、願意付出高價的地方。時思也在機場開設櫃位。2012年之後，美東地區成立新的銷售管道，但擴張很有節制。首先，它們在購物中心擺設季節性花車。在出現大量需求的城鎮或許會成立門市，但為了抑制風險，每個門市只投資大約30萬美元。

定價能力

討論定價

　　巴菲特每年和哈金斯一同設定糖果價格。他覺得一定要有一個觀點較廣、更重視財務的人參與定價流程。他認為經理人或許不願意調高價格，因為：

　　「經理人只有一家公司。他的計算程式告訴他，如果價格太低，也不會太嚴重。但如果價格太高，他便覺得搞砸了人生中唯一重要的事。沒有人知道漲價的結果，對經理人來說，這就像俄羅斯輪盤。但對執行長來說，人生中不止一家公司，真的不是。所以我認為，經驗豐富的旁觀者，應該在某些情況下設定價格。（註❷）」

　　巴菲特對時思的定價能力開玩笑說：「如果你是時思糖果的老闆，看著魔鏡說：『魔鏡，魔鏡，今年秋天我該如何為糖果定價？』魔鏡會說：

『漲價』，這是一家好公司。（註❸）」

證實定價能力

我們可以用一個簡單的方法，來觀察巴菲特及蒙格先前對時思漲價能力的信心是正確的，那就是1972年銷售的糖果數量，以及10年後1982年的數量，同時看營收和獲利的數字。

表1說明每一磅的糖果價格上漲了176%，而這段時期的通膨成長率是137%。營收增加了3倍，主要是因為糖果漲價，還有因為門市家數增加21%，以及一般門市銷售的糖果磅數成長18%。

每家門市銷售額大約增加2倍，但利潤成長超過5倍。部分原因是售價上漲，還有因為營運成本不可思議地降低。除了每個生產、配銷與銷售階段的優良管理，時思也因為本地規模經濟而受益，尤其是：

◎**廣告**：舉例來說，一項報紙或電視廣告，便可接觸到舊金山或洛杉磯這些客戶密集地區的大部分客戶。

◎**配銷**：糖果從舊金山及洛杉磯的兩家工廠運出，大多載送到方圓100英里以內的地方。

註❷ 引述 1988 年 4 月 11 日出刊的《財星》雜誌，Carol Loomis 撰寫的〈巴菲特內幕故事〉。
註❸ 出自巴菲特 1995 年對北卡羅萊納大學學生演說，題目是〈巴菲特淺談商業〉。

董事長蒙格，與總裁凱佩爾，在1982年藍籌印花年報大加讚賞：

「時思是迄今我們收購的最佳企業，超越我們極為保守的預期。我們預言未來的紀錄往往很糟，即使是已擁有多年的企業也一樣，我們嚴重低估時思的未來，能收購這家企業，真的是太幸運了。

我們相信，時思糖果超高獲利的主要原因，是舊雨新知皆喜愛時思糖果的口味和質感，以及超高水準的零售服務，這一點，從配銷方式就可以看出來。這種客戶熱誠，是因為時思近乎狂熱地堅持高級天然糖果成分，以及昂貴的製造與配銷方法，確保嚴格的品質管制，以及令人愉悦的零售服務。這些品質得到的報酬率，是門市極高的每平方呎銷售額，往往是對手的2倍到3倍，而且，即使是與較昂貴的品牌相比，人們還是非常喜歡收到時思巧克力作為禮物。」

1990年代初期時思有218家門市，但它們不但沒增加零售管道，反而關閉12家，因每家門市須創造令人滿意的已動用資本報酬率。收購20年後，1991年時，時思只有2,500萬美元的淨有形資產，但經營極有效率。一開始的800萬美元資產，加上僅1,800萬元的保留盈餘，然而獲利由1971年到1991年增加10倍，達到稅前4,240萬美元、稅後2,000萬美元以上。這20年間，時思分配給股東的金額竟達到4億1,000萬美元。

這些數據可以看出時思管理階層的水準：獲利增加10倍，而投入資本只

10年間，每磅時思糖果的價格上漲176%
——1972年及1982年時思的糖果價格、營收和利潤

	1972 年	1982 年	成長率（%）
糖果銷售磅數（萬磅）	1,700	2,420	42
營收（萬美元）	3,130	12,370	295
稅後淨利（萬美元）	230	1,270	452
門市家數（家）	167	202	21
每磅糖果營收（美元）	1.85	5.11	176
11 年之間的通膨	—	—	137
每家門市銷售糖果磅數（磅）	101,800	119,800	18
每家門市銷售額（美元）	187,000	612,000	227

資料來源：蒙格與凱佩爾、1982 年藍籌印花年報第 34 頁；通膨資料出自 inflationdata.com

增加約3倍。剩餘的獲利，可供藍籌及波克夏公司投資到其他前景更好的公司，假如它們可能創造的報酬率更令人滿意，高過把現金用在糖果買家不願意付出高價的地方，開設更多時思分店的報酬率。

　　巴菲特在2014年的股東信裡，強調有效分配資本的嚴格客觀性。他在信中說：

　　「我們當然樂意明智地運用這些資金，來擴張糖果事業。但是，我們許

多嘗試都是徒勞無功的。因此，在不造成多繳稅或者摩擦成本（frictional costs）的情況下，我們把時思糖果創造的剩餘資金，用來收購其他企業。（註❹）」

1999年，時思達成24%的營業利益率。對食品生產商來說，這是可觀的數字。由1972年到1999年底，該公司的稅前淨利累計達到8億5,700萬美元。巴菲特以他一貫的詼諧及睿智風格，談到這家公司的成長：

「查克每年都在進步。他在46歲接掌時思糖果的時候，公司的稅前淨利，以百萬美元為單位的話，大約是他年齡的10%。現在他74歲，這個比率已升高到100%。發現這個數學關係之後，姑且稱為哈金斯定律（Huggins' Law），查理和我現在只要一想到查克的生日，便樂不可支。（註❺）」

哈金斯精益求精。2014年底，時思稅前淨利總額達到19億美元。也就是說，這件2,500萬美元收購案，讓巴菲特與蒙格得到將近10億美元的稅後金額，可以拿去投資其他公司。接著，那些公司創造龐大的可分配盈餘。巴菲特形容這就像是在「養兔子。（註❻）」

註❹　出自 2014 年巴菲特致波克夏海瑟威股東的信。
註❺　出自 1999 年巴菲特致波克夏海瑟威股東的信。
註❻　出自 2014 年巴菲特致波克夏海瑟威股東的信。

巴菲特眼中的好公司

請回答下列謎題：何謂好公司？

◎A公司去年創造200萬美元的稅後淨利。B公司也一樣。

◎A公司只有800萬美元的淨有形資產，而B公司是A公司的5倍，淨有形資產達4,000萬美元。

兩家公司的淨利成長預料將會相同：今後20年都將創造2,000萬美元的稅後淨利（為目前淨利的10倍），在這段期間每年報告的淨利也會相同。

請先做出選擇，再接著讀下去。

以下是巴菲特的邏輯

A公司是一家糖果製造商和零售商，B公司是一家鋼鐵製造商：它是一家賺錢的鋼鐵廠，擁有好的利基市場，因此每年報告的淨利跟A公司一樣。

為了讓稅後淨利成長10倍，A公司必須把原有的淨有形資產800萬美元增加至9倍，也就是7,200萬美元（為方便說明）。因此，20年後，該公司可運用8,000萬美元的資本。

而為了讓稅後淨利成長10倍，B公司則須將淨有形資產增加至9倍，也就

是3億6,000萬美元,例如新增9座煉鋼廠。因此,20年過後,該公司運用4億美元的資本。

在兩者最後一年達到相同的年度獲利下,A公司在這20年間分配給股東的金額,要比B公司多出2億8,800萬美元(3億6,000萬美元－7,200萬美元)。

所以,儘管A公司資產負債表金額較低,卻更具價值。這是因為它對股東更有貢獻:把公司創造的現金回饋給他們。相反地,鋼鐵廠必須動用更高比率的利潤,才能維持事業成長。以B公司來說,股東盈餘(owner earnings,可用來分配給股東,而不致縮減生產量、損及事業經營,或是放棄可創造價值的投資計畫的盈餘)低於公告會計盈餘(reported accounting earnings,會計師每年計算出來、公布的年報盈餘),因為該公司必須投資更多資金。

時思糖果展現經濟商譽

在考慮一家公司市場地位的真相時,會計數據往往讓人更混淆,而不是更清楚。我們必須重視經濟事實,而不是會計準則產生的統計數字。

通常,會計準則要求被收購的公司,必須計算扣除所有負債之後的「資產公平價值」。在多數的情況下,這個金額會遠低於收購金額。因此會計

師面對一個問題：現金（或股票）由控股公司的資產負債表中支出，但收回來的淨資產公平價值比較少。乍看之下，像是有一部分的價值消失了。

當然，價值並沒有消失；你或許有很好的理由，去支付遠高於資產負債表公平價值的價格，例如，因為收購的公司擁有絕佳品牌、高獲利的專利，或是與客戶關係良好。因此，我們把支付價格高於公平價值的部分稱為商譽（goodwill）。

但會計師必須處理商譽的形式，也就是支付價格與公平價值之間的差異。這部分在資產負債表上列為資產。會計準則通常規定，會計商譽視為逐年下降，需要逐年減記。但在時思糖果的案例，當年的法規是：商譽可用每年相同的金額，分40年期攤銷。在40年期間，該公司每年的獲利金額，以及資產負債表上的資產金額，都會減少。

但這並沒有反映出經濟事實。藍籌印花用2,500萬美元收購時思糖果，後者的淨有形資產只有800萬美元，獲利約是200萬美元。就跟許多企業一樣，以公平價值計算，時思糖果的淨有形資產報酬率，遠高於市場報酬率：它的淨有形資產報酬率是稅後25%（800萬美元的資產，創造200萬美元的報酬）。

時思糖果是如何做到的？

要回答這個問題，我們先要談另一種形式的商譽：經濟商譽（economic

goodwill）。資產負債表（庫存、機器等）加上無形資產（包括公司在客戶之間的好名聲），就創造出經濟商譽，因為公司得以收取較高的價格。公司名聲可以創造顧客特許權（customer franchise），進而由忠實的消費者創造經濟商譽。

從會計師的角度來看，藍籌印花在淨有形資產之外，多付了1,700萬美元。這相當於40年期間，每年要減計42萬5,000美元。會計師公告的利潤因此要減去這個金額。

但從評估企業的人，例如投資人的角度來看，我們必須知道，該公司的經濟特許權是否在下降。以時思糖果來說，利潤不斷成長。例如，1983年的稅後淨利是1,300萬美元。神奇的是，該公司只用2,000萬美元的淨有形資產就做到了。由此我們可以說，即使會計師減記公告的商譽（1983年約為1,250萬美元），時思糖果的經濟商譽完全沒有下降。客戶依然喜愛購買時思的糖果，經濟商譽不斷成長，因此，你可以清楚看到會計數值背離公司的事實。

在考慮商譽時，經理人與投資人必須遵循一些規則，包括會計和經濟價值的方面：

◎在審視一個事業單位的利潤時，不要考慮商譽減記和攤銷費用（每年扣除的金額，以反映專利等無形資產或天然資源消耗造成的價值減

損），而是聚焦在未融資（無借貸的）淨有形資產賺取的報酬上。這麼一來，才能評估該事業的經濟吸引力，以及它的經濟商譽的經常價值，而不會受到會計準則削減商譽價值等扭曲的影響。

◎在決定是否收購一家公司時，不要考慮攤銷費用。這部分不該從利潤當中扣除。意思是說，應該以完整成本來考慮商譽。

◎收購公司的成本，應用支付總額得到的內在企業價值來考量，不論是現金形式，或是收購者的股票都可以，而不只是公告的會計價值。就算是一家很好的公司，如果為了經濟商譽而付出過高的價格，收購者也無法增加價值。

學習重點

1. **在有著眾多供應商的競爭市場購買原料，然後在你具有定價能力的市場銷售**

   巴菲特說，如果你可以在一個已商品化的市場採購（意指許多廠商銷售類似產品的市場），然後銷售給喜愛這個品牌，並願意付出高價的買家，這「長久以來一直是企業成功方程式……自從我們40年前收購之後，我們一直因為時思糖果的這項策略，而享受豐盛的財富。（註❼）」

2. **務必稱讚你的重要經理人**

   巴菲特總是提到哈金斯的表現，「以及他對產品品質與友善服務的無比堅持，讓客戶、員工和老闆一同受惠。（註❽）」

3. **評估客戶的想法**

   時思深植美西民眾的心裡。該公司「有一項龐大資產，但並未顯現在資產負債表：廣大及持久的競爭優勢，使它擁有強大的定價能力。（註❾）」

註❼　出自 2011 年巴菲特致波克夏海瑟威股東的信。
註❽　出自 1999 年巴菲特致波克夏海瑟威股東的信。
註❾　出自 2014 年巴菲特致波克夏海瑟威股東的信。

4.追求以小額資本賺取高報酬

時思用低資本投資創造獲利大幅成長是一項驚人的結合。

5.以高價收購經濟特許權

起初巴菲特和蒙格不願意用高出淨有形資產價值許多的價格去收購時思。從後來創造的超高資本報酬率來看，時思的2,500萬美元算是便宜的。

6.不斷學習

巴菲特經歷時思的非凡成長之後，更相信強大的品牌。這也促成日後其他許多成功的投資。

第21筆

華盛頓郵報（Washington Post）

投資概況	時間（年）	1974 迄今
	買進價格（美元）	10,600,000（初始）
	數量（公司股數占比，%）	9.7
	賣出價格	拿股權交換一些企業
	獲利（美元）	數億

　　1960年代後期以來，巴菲特（Warren Buffett）一直苦於找不到可用合理價格買進的股票；他比喻自己像是一名荒島上的性飢渴男人。

　　1970年到1973年他設法為波克夏海瑟威公司（Berkshire Hathaway）買下幾家公司，但短期績效不佳，投資組合市值出現下跌：「我們的普通股部位在年底出現重大的未實現虧損，逾1,200萬美元。（註❶）」

　　這在當時對巴菲特來說，或許是一項打擊，但對長時間經歷市場先生不重新評估低價股的我們來說，是一項鼓舞。無論如何，我們都應該堅持原則；價值終究會浮現。

　　經歷投資組合價值大幅下跌之後，巴菲特在1974年初向波克夏股東表

示：「無論如何，就企業內在價值而言，我們相信我們的普通股投資組合成本代表著良好價值。儘管年底時有龐大的未實現虧損，我們預期投資組合長期將帶來令人滿意的成果。（註❷）」他顯然沒有用市場先生的價格作為他的價值基準。

他必然感到氣氛有些低迷。報紙甚至懶得刊載波克夏的股價，儘管1973年中的股價位於80美元以上水準，高於1970年的40美元。即使股票投資組合沒有大漲，巴菲特也很滿意，因為他還是有些良好的企業業績可以報告給股東。1972年及1973年，營業利益超過1,100萬美元。保險及再保險事業迎接「好到不行」的年度，不僅提供零成本的浮存金，還有豐厚的承保利潤。伊利諾國家銀行（The Illinois National Bank）一年又一年締造紀錄。甚至連紡織事業都創造「與資本投資相等的（註❸）」利潤。

此外，全部的投資組合，主要是債券，在1972年創造了680萬美元的收益。波克夏的每股帳面價值，在1964年底時是每股19.46美元，1973年已上漲到每股70美元。

雖然企業成長，卻沒什麼人參加公司年度股東大會。有2個人風塵僕僕

註❶ 出自 1973 年巴菲特致波克夏海瑟威股東的信。
註❷ 出處同註❶。
註❸ 出處同註❶。

的出席了，他們是一對兄弟——康拉德‧塔夫（Conrad Taff）及愛德溫‧塔夫（Edwin Taff）。康拉德和巴菲特是葛拉漢（Benjamin Graham）班上的同學。這3個人至少有話題可聊；他們會花數小時的時間，討論投資事宜，因而開啟一項維持到現在的全天問答大會傳統：主要的差別在於，現在每年有4萬人出席股東年會。

漂亮50

巴菲特發現到很難投資，因為1970年代初期一股風潮橫掃股市，把股價推升到異常水準。合理的做法，顯然是買進當時流行的50檔大型股，這麼一來，你便會擁有一大堆可長期持有的成長型投資，從此高枕無憂。這些股票稱為「一次性決定」（one-decision）股票，因為它們兼具穩定性和快速獲利成長。其實，你應該永遠都不要賣出這些股票。

不過，其中有許多檔的股價本益比在50倍以上（平均為42倍）；為了2%收益率去買股票，有什麼道理？關鍵在於「成長」這個詞。這些公司的每股盈餘一定會以高速成長，因此，股價高有它充分的理由，它們不可能讓人失望。這種氛圍瀰漫整個股市，直到大多數上市公司的股價，都被巴菲特視為偏高。

漂亮50股（Nifty-Fifty）包括雅芳（Avon）、寶麗來（Polaroid）和全錄（Xerox）。的確，這些都是好公司，不過，它們是好投資嗎？這3家公司

在1972年底的本益比，分別是61倍、95倍、46倍。等到1973年初，市場信心小幅滑落，道瓊工業指數（Dow Jones Index）從1,000點跌到900點。一些股票跌得更深，幅度大約在50%。

接著，在1974年，真正的跌勢展開了：股市在2年內便崩跌近50%。雅芳股價在1974年跌到谷底時，大約跌掉86%；寶麗來從高點下挫91%；全錄大跌71%。圖1說明這個時期的道瓊工業指數走勢。

在荒年時做好準備

1973年初，巴菲特請所羅門兄弟公司（Salomon Brothers）為波克夏海瑟威公司發行2,000萬美元高等級債券，即使他的公司並不需要營運資金。其中一部分是為了償還900萬美元的舊債，剩餘的資金則可在時機合適時，為股票投資組合增添火力。這筆資金來自20名機構投資人，預定於1993年償還。

他同時忙著分析公司，儘管在1960年後期，以及1970年代初期，未能做出很多買進決定。等到1973年及1974年的股市下跌，有一些優秀的公司可以用低價買進。巴菲特準備好了；他已在荒年做好準備，知道現在想買進的公司。他可以挑選許多本益比只有個位數的股票。

等到1974年中，沉重的悲觀氛圍籠罩整個股票投資圈時，人們被同步

發生的經濟衰退，以及12%的通膨率（停滯性通膨）嚇壞了。但是，巴菲特的心情截然不同；他開心極了。巴菲特很興奮，因為他可以挑選別人拋售的股票。就像他一再表示的，「當他人貪婪時要恐懼，當他人恐懼時要貪婪。」

在安東尼・辛普森（Anthony Simpson）的一次訪談，題目是「看看那些漂亮的裸女！」，巴菲特被問到，「對目前的股市有何看法？（註❹）」

「就像後宮裡性欲旺盛的男人一樣，」他回答：「現在，正是開始投資的時候。」

1974年的情況，讓巴菲特回想起1950年代初期，當時價值型投資人有許多機會。在美國投資界，巴菲特因知識淵博而贏得尊重。尤其是他早在1960年代後期，大家都很熱中股市時便公開表示，股市並不理性。不僅如此，他還大動作清算合夥事業的投資組合。這是在多年大幅打敗市場的經歷之後，才會有的先見之明。

你不必擺盪

如同《富比世》（Forbes）雜誌說的：「巴菲特就像那種在1928年賣出股票，然後直到1933年都在釣魚的傳奇人物……從1969年到1974年，他確實都在『釣魚』。『我把投資稱為全球最棒的事業，』他說：『因為永遠不必擺盪。』你站在本壘板上，投手投給你47美元的通用汽

圖1 **1974年～1975年，道瓊工業指數崩跌近50%**
——1969年～1976年道瓊工業指數走勢

車（General Motors）！39美元的美國鋼鐵（U.S. Steel）！而沒有人叫你揮棒。除了錯失機會外，沒有人會受到處罰。你一整天都在等待喜歡的球；然後，等到外野手打瞌睡時，你便跨步揮棒。（註❺）」

巴菲特試著協助其他投資人，建立買進績優股的關鍵心態。他勸告說，

註❹　引述安東尼・辛普森〈看看那些漂亮的裸女！〉，《富比世》雜誌（1974.11.01出刊）。
註❺　出處同註❹。

投資人應該保持冷靜與耐心；尤其是在等待熱過頭的股市冷卻下來，以及買進優質公司的時候。總有一天，股市的價格會反映高品質，所以要耐心等候。

華盛頓郵報公司

1940年代，13歲的巴菲特清晨早起送遍《華盛頓郵報》（Washington Post）的派報路線，成為他青少年時期存下9,800美元的最大金主。誰會想到這一小筆資金，有朝一日會引領巴菲特，成為華盛頓郵報公司（簡稱「華郵」）創辦家族之外的最大股東？

1973年春夏之際，巴菲特動用波克夏海瑟威發行20期債券的部分資金，收購華郵的股票。這些股票價值1,060萬美元，占該公司總股本的9.7%。除了旗艦報紙《華盛頓郵報》，該公司也擁有《新聞週刊》（Newsweek）、4家電視台、2家廣播電台，以及印刷廠和製紙廠。加總起來，巴菲特認為華郵有4億到5億美元的價值，而市場先生認為只值1億美元。

交易之前

凱薩琳‧葛蘭姆（Katherine Graham）在46歲時，突然被交付華郵公司領導人的責任，但她非常不樂意。她害羞膽怯，又缺乏自信心，在這之前的主要工作，是擔任母親及家庭主婦。她對管理或編輯一竅不通，但仍接

下這份責任，以便把事業傳承給家族下一代。

　　她的父親在1933年出資拯救破產的《華盛頓郵報》，然後以未上市家族企業的方式經營。後來，凱薩琳的丈夫菲利普‧凱（Philip Kay）接管。1963年，菲利普自殺，凱薩琳才成為總裁。當時，《華郵》只是華府第3大的對開報紙（broadsheet）。

　　該公司直到1971年，才在紐約證交所（NYSE）上市。即使如此，該家族仍然掌控投票權，持有A股，而發行投票權較低的B股來募資（B股股東最多只能選舉3成的董事成員）。

　　傑出的新聞報導及無懼的編輯方針，使得《華郵》聲名大噪。舉例來說，尼克森政府欺瞞美國民眾越戰爆發的原因。可惜，尼克森政府決策的證據，被列在所謂的《國防部文件》（Pentagon Papers），而《華郵》在面對尖銳的政治怒火與訴訟之下，仍然公布了文件。

　　之後，是新聞勝利的一年，該報的調查記者無視白宮關係人士的暴力威脅，撰寫「水門案」醜案（Watergate）。《華郵》獲得崇高評價，得到普立茲獎（Pulitzer Prize）的肯定（當時總共獲得47項），成為具有全國及國際地位的報紙。

　　儘管該報在全球享有正直與卓越的名聲，1973年的事業前景卻很黯

淡。來自白宮的強烈敵意，讓華爾街產生這種觀感。傳聞該公司在佛羅里達州的兩張電視台執照將遭到撤銷，而這兩家電視台占公司獲利的1／3。華郵公司股價因而下挫。

巴菲特對華郵公司價值的評估

　　1985年，巴菲特表示：「大多數的證券分析師、媒體經紀商和媒體主管，都會評估華郵公司價值4億至5億美元，跟我們的看法一樣。而大家每天看到公告的市值，卻是1億美元。（註❻）」

　　我對巴菲特在收購該公司12年之後提出的這番說法，有個小小的意見：我有點懷疑，這是否犯了一點點後見之明的偏誤。這項投資很成功，所以當巴菲特回顧1973年的時候，該公司的價值顯然遠超過他支付的價格。但在當時，並不是那麼明確。

　　想像你根據1972年財務年報的概況來評估華盛頓郵報這家公司，如表1所示。

　　該公司的淨流動資產價值是負數，因此，這項投資決策顯然不是遵循葛拉漢的淨流動資產價值（NCAV）策略。而該公司的營收與獲利情況如

註❻　出自 1985 年巴菲特致波克夏海瑟威股東的信。

表1 1972年華郵公司的淨流動資產為負值
—— 1972年12月華郵公司資產負債表

現金	1,020
流動金融資產	1,960
應收帳款	2,520
庫存	380
預付款	290
流動資產總額	6,180
負債總額	-8,190
淨流動資產價值	-2,010

註：單位皆為萬美元　資料來源：1972 年華郵公司年報

何？如表2所示。

你有看到巴菲特在1972年說的價值4億到5億美元嗎？我沒看到。

該公司的獲利有一些成長，但不多，而且都不到1,000萬美元，因此，巴菲特口中說的價值，相當於本益比40倍到50倍。這種本益比高到讓大多數價值型投資人流鼻血。

我們在表3，可以看到1972年的更多細節。

1972年華郵公司稅後淨利不到1000萬美元
──1965年～1972年華郵公司營收與淨利

年度	營收（萬美元）	稅後淨利（萬美元）
1965	10,800	770
1966	12,300	860
1967	13,100	710
1968	14,700	770
1969	16,900	850
1970	17,800	510
1971	19,300	720
1972	21,800	970

資料來源：1972 年華郵公司年報

1972年華郵雜誌和書籍稅前營業利益成長107%
──1971年～1972年華郵公司稅前營業利益

| 類別 | 稅前營業利益（萬美元） | | 成長率（%） |
	1971 年	1972 年	
報紙	870	1,020	17
雜誌和書籍	270	570	107
廣播	380	590	58

 表4 # 1972年華郵公司3/4以上的營收來自廣告
—— 1971年～1972年華郵公司客戶類別的營收

客戶類別	營收（萬美元）	
	1971 年	1972 年
廣告	14,800	16,600
發行（讀者或觀眾付費）	4,200	4,700
其他	300	400

看著這些成長率，我有一點懂了。這家公司可能出現了驚人的狀況。該公司的利潤怎麼會增加得這麼多？它收購了其他公司嗎？（並沒有）

假如沒有，該公司是如何達到有機成長的，業務基礎可持續數十年嗎？果真如此，我或許就會接受遠高於本益比10倍以上的水準。

在談到那一年的事件與質化因素之前，我們先來看另一組重要資料，如表4所列。3/4以上的營收來自廣告。現在，假設你是家具行廣告主，或是一名威士忌品牌經理人。你最想在哪裡登廣告：城內發行量占比超過6成的報紙，還是市占率只有一點點的報紙？

當然，你會願意付較多錢，在主要報紙刊登廣告。因此，多年之後，主

要報紙可以大幅增加利潤，卻不必再花大筆支出在編輯或管理上。相同的邏輯，適用於電視廣告，以及週刊市場領導人，也就是《新聞週刊》。

但這種經濟特許權有多強勁？我們不妨逐一審視各個部門。

《華盛頓郵報》

1972年7月，華府的報紙市場出現劇烈的變化。《華盛頓每日新聞》（Washington Daily News）停刊。換句話說，根據《華盛頓郵報》1972年年報，這個「全國成長最迅速、最富裕、教育程度最高，以及最熱愛新聞」的重要城市，只剩下2家報紙——《華盛頓郵報》及《華盛頓明星報》（Washington Star News）。

在這兩者之中，《華郵》最大，占所有廣告的63%，每5位成年人就有3人每天閱讀該報。若是週日版，2/3的成人都在看《華盛頓郵報》。該報的每日發行量，在過去15年期間增加1/3，週日發行量更是大增2/3。

所以，這是一家美國最具影響力城市的主要報紙，而且，當地對優質新聞的需求不斷成長。如同公司年報說的：「廣告和發行量一定會繼續成長。」基於優勢與成長前景，我願意支付遠高於市場先生當時出價的10倍本益比來買進。

想想這個問題：你是不是寧可跟灰熊摔跤，也不願跟1973年時享有主場

優勢的《華郵》競爭？如果是的話，你會明白這家報紙擁有強勁的經濟特許權。廣告主還能去別的地方嗎？

《新聞週刊》

至於週刊市場，由《新聞週刊》及《時代》雜誌（Times）稱霸。《新聞週刊》在廣告頁數方面領先。廣告營收在1972年達到新高，增加到7,250萬美元。在美國市場，每週銷售數量通常是272萬5,000本；在其他150個國家則另外售出37萬5,000本。該週刊還衍生出新聞週刊書籍（Newsweek Book），在1973年時，是「一項龐大及賺錢的事業。（註❼）」新聞週刊部門的利潤，在1年之間增加1倍以上。

那麼，再問一個問題：你會想創立一份刊物，試圖爭奪《新聞週刊》在數個世代建立起的讀者知名度與尊重嗎？

廣播

1970年代，電視台等於印鈔執照，因為它們獲得地方獨占／寡占的勢力。1972年底時，華郵公司擁有4張執照，而且即將購買第5張。該公司另有2家廣播電台。1972年的年報，並沒有強調這部分事業的重要性（或許，是不想讓有關當局發現，高昂廣告費率可能創造的資本報酬），「我們的3家電視台和2家廣播電台，在它們個別市場達成穩健的競爭地位。在

註❼ 出自 1972 年《新聞週刊》年報。

我們邁入1973年第1季之際，本人非常樂觀……我們已到達一個起飛點，應該可以在新聞和節目製作，以及我們的財務方面，締造新的成功。」

即使想跟這些電視台競爭，你也沒辦法，因為拿不到執照。

投資理念轉變完成

這項投資個案說明，在1973年時，巴菲特極為重視經濟特許權和主管素質，因為這樣才能預期未來高獲利成長。除了沒有財務槓桿與流動性風險之外，這項收購決策幾乎完全沒有考慮到資產負債表。

因此，雖說巴菲特在時思糖果投資案，受到一些資產負債表的影響，在華郵投資案，他發現，經濟特許權的前景令人垂涎，只需要知道資產負債表沒有危險就好了。他的重點有95%是質化因素：像是讀者高度評價《新聞週刊》及《華郵》，以及觀眾對本地電視台和電台的情感依賴。除此之外，最近發放的股息增加1倍，董事也提到穩健的成長前景。

巴菲特抱持愚蠢的樂觀嗎？

總結來說，不管巴菲特的4億到5億美元估值是否正確，都無關緊要。

在市值1億美元的水準買進，不管真正的價值是2億美元或5億美元，他都擁有很大的安全邊際。我想我們會一致同意，假設白宮沒有把《華郵》搞倒的話，這家公司至少值2億美元，所以用1億美元市值來看，可說是半

價買進。

就經濟特許權與主管素質來看，用1,060萬美元買進10%的未來獲利與股息，可說是一項非常安全的投資。

交易

1973年晚春，巴菲特已累積買入5%的華郵公司股票，他寫信給凱薩琳‧葛蘭姆，說他想買進更多該公司股票。她很怕有掠奪者將從她家族手中搶走公司，或是影響公司的政治立場，因此並不喜歡收到這封來自奧馬哈的信。

儘管巴菲特的信寫得很溫暖，稱讚《華郵》的新聞優質，而他自童年起一直景仰這份報紙，讓葛蘭姆稍微冷靜下來，但還是很害怕。葛蘭姆從朋友和顧問口中獲悉，因為上市的B股沒有什麼投票權，無論波克夏海瑟威公司買下多少股票，理論上，她不可能喪失公司主控權。一名買家即使買下大多數B股，充其量也只能拿到1席董事席位，她仍然掌控所有的A股。

巴菲特說服凱薩琳‧葛蘭姆

葛蘭姆同意會晤巴菲特。沒多久，巴菲特的才智、正直和幽默便說服了她。在秋天的第2次會面，巴菲特明白表示他不會接管經營權。他迷倒了凱薩琳，兩個人後來成為一輩子的好朋友。

波克夏海瑟威公司買下46萬7,150股的華郵公司B股，成本是1,060萬美元。不久之後，這些股票分割成為93萬4,300股。1979年，這些股票又再分割成為186萬8,000股，而後因為實施股票回購而略微減少。總計在1973年流通股數是480萬股（包含A股和B股）。

為了讓葛蘭姆安心，巴菲特立下書面同意書，承諾在獲得她的允許之前，不會再買進更多股票。這裡要注意的是，在不具有投票權之下，他仍願意買進一家公司。如果他信任關鍵人物，便不介意是否要掌控公司。後來，巴菲特安排葛蘭姆的兒子唐納（Donald），作為波克夏在華郵公司的股權代理人；他覺得唐納很聰明，也值得信賴。

收購後的情況如何？

很快地，這家巴菲特認為價值4億到5億美元的公司，便見識到市場先生的壞脾氣。這家負債低、事業優的公司，從市值1億美元下跌到只剩8,000萬美元；大約是估計內在價值的1/5。員工罷工幫了倒忙，雪上加霜的是，水門案的後遺症，讓公司的電視台執照可能遭到取消。在罷工期間，葛蘭姆和巴菲特一起親手把報紙綁成一綑一綑，再貼上標籤，通常忙到清晨3點。他們回家時，往往一身髒汙，筋疲力竭。

最後，情況終於好轉；罷工解決了，尼克森政府也垮台。但直到收購3年之後，波克夏在華郵公司的持股，才回升到巴菲特當初買進的價位。

葛蘭姆極為器重這位奧馬哈的新朋友，她很快便認同他提供很多有關商業與投資的高見。巴菲特十分樂意與她分享自己的豐富經驗及看法。他也為她打氣，說她很聰明，這是他的真心話。由於關係很親近，她甚至請巴菲特協助她，撰寫對華爾街專業人士等團體的演講稿。巴菲特也給葛蘭姆上了會計課程。

我們再一次看到巴菲特清楚地找出企業的關鍵人物，然後跟那個人建立友誼，並培養對方的領袖地位。他從未質疑葛蘭姆的營運決策，只會在被詢問時提出建議，並稱讚她的工作表現，以及在必須做出艱難決策時耐心傾聽。

在這個投資案例，巴菲特沒有股東的實質權力，但確實有影響力，因為葛蘭姆信任他，把他視為親信，以及精明的企業人士。隨著他的影響力擴增，在1974年秋天，獲邀加入董事會之後，他的地位轉變成為更強大的力量，而他徹底享受這種地位。早年做送報生的回憶，到如今成為公司領導階層，使這一切變得更加甜美。他為新聞業著迷，甚至說過假如沒有進入投資圈的話，他很可能會成為新聞記者。

作為她的最好朋友之一，巴菲特在董事會開會之前，每個月會住在葛蘭姆家裡1次，她的4名子女因而對他很熟悉，把他當成伯父一般看待。

巴菲特在1986年自華郵公司董事會卸任，因為他想擔任資本城市

（Capital Cities）的董事，後者是波克夏買下的一家成功經營的媒體集團。媒體主管機關不允許同一人擔任兩家公司董事，因為其中一家有電視網，而另一家是有線電視系統。巴菲特心想即使不在董事會，他仍可維持在華郵公司的影響力。1996年，資本城市出售給迪士尼公司（Disney），巴菲特又重新加入華郵公司董事會。

抓住絲綢錢包

　　1987年，波克夏投資組合的所有持股幾乎都賣掉了，唯獨3檔沒有，其中一檔是華郵公司。在1987年股東信中，巴菲特說明他在股價漲到昂貴水準之際，仍持有這3檔股票的理由：「我們把這些投資視同我們控制的成功企業；那是波克夏永久的一部分，而不是市場先生向我們提出夠高價格便可拋出的商品。」他說，這項投資策略適合蒙格（Charlie Munger）及他的個性，以及他們想過的生活方式。他想跟他十分喜愛及欣賞的人合作，即使這意味著錯失一些金融報酬。

　　這3家公司分別是：資本城市／ABC公司，投資額略高於5億美元（1987年的價值是10億美元）；蓋可公司（GEICO），投資額4,570萬美元，但1987年的價值是7億5,700萬美元；華郵公司，1987年價值3億2,300萬美元

　　不論是買下一家可以完全控制的公司，或是上市公司的少數股權，道理

都是一樣的：「在每項投資案例，我們都想買下有良好長期經濟前景的公司。我們的目標，是找到價格合理的卓越公司，而不是低價的平庸公司。查理和我發現，用絲綢製作錢包，是我們最擅長的事；若是用母豬耳朵的話，我們就會失敗。（註❽）」

華郵公司對波克夏海瑟威的貢獻

這項1,060萬美元的投資，在2005年增加到市值超過13億美元，而且是不含配發的股息。不過，我們要注意到巴菲特對市場先生耐心十足：直到1981年，該公司市值才達到巴菲特在1973年預估的4億到5億美元。圖2說明1973年到2008年華郵公司提供給波克夏的報酬。

我們都知道，在過去10年，報業經歷艱難時期，因此華盛頓郵報公司股價在這段期間下跌。即使扣除最近的跌幅，這項投資的報酬，仍然是巴菲特投資額的許多倍。舉例來說，進入21世紀之前，每年配發的股息，已經相當於波克夏當年買進的股價。時至今日，波克夏仍分享電視台獲利。圖3說明華郵公司（如今改稱「葛蘭姆控股公司」，Graham Holding）從1990年到2016年的股價。波克夏公司以大約每股5美元買進（計算股票分割之後）。

註❽ 出自 1987 年巴菲特致波克夏海瑟威股東的信；譯註：出自俗語 You can't make a silk purse out of a sow's ear，意指朽木不可雕也。

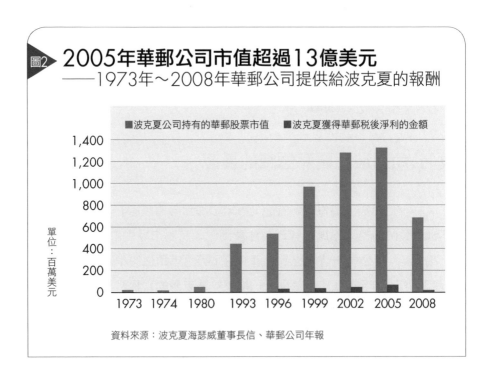

圖2 **2005年華郵公司市值超過13億美元**
——1973年～2008年華郵公司提供給波克夏的報酬

■波克夏公司持有的華郵股票市值　■波克夏獲得華郵稅後淨利的金額

單位：百萬美元

資料來源：波克夏海瑟威董事長信、華郵公司年報

巴菲特在華郵公司的管理重點

作為華郵公司董事，巴菲特得以分享他對優良管理的看法。以下，我們探討幾項他對塑造這家公司的貢獻。

實施股票回購

巴菲特要求的一件事，是買回自家股票。他說服董事會相信，若股價夠

圖3 華郵公司股價一度漲到約700美元
——1990年～2016年葛蘭姆控股公司（原華郵）股價

單位：美元

資料來源：Yahoo Finance

低，公司自市場上買回自家股票，是很有道理的。這麼一來，每股盈餘將上升，提高剩餘股票的價值：未來每年股東折現盈餘要分配的股數減少，因而提升目前的價值。

當股票價格低於保守計算的內在價值，就可以這麼做。公司必須擁有資金，若不是現金就是合理的借貸，而且，不是動用公司內部可創造價值的計畫所需要的投資資金。

這些年來，華郵公司大約一半的股票都被買回。結果，波克夏的股權，由1973年的10%，增加到1999年的18%，而且並沒有再買進任何股票。

購併與新創公司

巴菲特也制止董事會，在競標戰中出高價收購熱門媒體資產：報紙、電視或有線電視引發的興奮情緒，不過是一時發燒，根本沒必要盲目跟從。最好還是保有現金。

這種簡約，以及巴菲特掌控凱薩琳，讓許多希望擴張的高階主管和董事感到挫敗。巴菲特眼中的華郵公司，不是新構想或新成立的公司。他認為該公司是低風險的股東盈餘生產者，以堅實與持久的經濟特許權作為基礎，而不是在新構想不確定是否可行的情況下，用來炒作的工具。

即使媒體和科技人士認為某件事物深具潛力，例如24小時的新聞頻道，巴菲特如果覺得那超出他的能力圈，便會保持謹慎，萬一他認為那超出管理階層的能力圈，甚至會更加審慎。

他們必然曾錯失機會，但華郵公司各項事業的資本報酬很高，這表示股票報酬也很高。獲得這些報酬的同時，他不必擔心押錯賽馬，而在揣測未來的遊戲中賠光一切。

巴菲特十分熱愛堅持在自己擁有獨特競爭優勢、定價能力，以及高資本

報酬率事業領域營運的公司。公司創造的任何剩餘資本都應該保留起來，準備去投資必定可創造令人滿意的資本報酬率的新計畫；其餘的資金應該發給股東，讓他們部署到其他地方。規模的成長應該要用成果來衡量，市值或利潤不是目標，高資本報酬率才是。

這種心態意味著，在之後數十年，華郵公司堅守巴菲特買進持股時的營運模式與結構。該公司嘗試過少數幾項創意，例如運動雜誌，不過那只是蠅頭小利，當初的《華盛頓郵報》、《新聞週刊》和電視台，仍然占有大部分的獲利。

無可避免

巴菲特形容《華盛頓郵報》是「無可避免的」（inevitable）。這是指你能持有的最佳公司（但唯有在你可以用合適價格買進的情況下），因為它們主導所屬的產業或產業區塊。更重要的是，基於它們非凡的競爭力，可以合理預期在今後數十年將繼續主導。

想弄清楚你在審視的某家公司是不是無可避免，方法之一是想像你將到一個荒島生活10年；等你回來後，那家公司還會主導所屬產業嗎？

家樂氏（Kellogg's）或許在今後10年，仍將是早餐穀片的主要業者；可口可樂（Coca-Cola）將主導飲料業；吉列（Gillette）主導刮鬍刀；吉百

利（Cadbury）主導巧克力。它們的力量源於消費者心中，而這種情感可以維持數個世代。

但，蘋果公司（Apple）是否可以主導智慧手機，或是BMW主導轎車，或是沃爾瑪（Walmart）主導零售業？這些公司很有可能保持強勢地位，但不足以被視為無可避免，因為消費者很可能改用其他品牌。智慧手機市場可能受到更多破壞式的干擾，高級車市場的買家有許多選擇，BMW很難每年都保持業界頂尖地位，而沃爾瑪正受到亞馬遜（Amazon）的攻擊，更遑論其他傳統零售商了。

唐納‧葛蘭姆：第2位關鍵人物

凱薩琳的兒子唐納是哈佛畢業生、越戰退伍軍人，以及前任警察，1971年，他26歲時才加入家族企業，擔任一名低階記者。他一路往上爬，成為執行副總裁，後來接任報紙發行人。這段期間，他的母親仍擔任董事長和執行長。直到1991年，唐納才升任控股公司執行長，接著在1993年晉升董事長。唐納‧葛蘭姆的性格謙恭，管理風格溫和，而且有一流的商業頭腦和驚人記憶力。

他十分仰慕他的朋友巴菲特，而且強烈受到他想法的影響。唐納要處理關鍵商業決策時，巴菲特總是在旁提供意見。他的領導策略，是我們都已經很熟悉的主題：

◎注重長期股東報酬率，而不是短期利益。

◎不斷壓低成本，以及削減不必要的東西（例如，沒有公司車、使用廉
　價工業地毯）。

◎找到你可以信任及委託的經理人。

◎培養你自己的高階主管，長期栽培他們，為他們升職。

◎收購企業時，可以花錢買下優質公司，但絕對不可以出價過高，而且
　要長期持有這些公司。

◎如果公司擁有剩餘現金，股價又低的話，要求公司買回自家股票。

喪失經濟特許權的價值

即使「無可避免」的公司，也可能喪失其主導地位。《華盛頓郵報》就
是一個明確的案例。網路及24小時新聞頻道等其他廣告媒介，已重創該報
的經濟特許權。

這幾十年的情況一直很順利。波克夏買進持股14年後，華郵公司在
1988年的公告稅後淨利，達到驚人的2億6,900萬美元。要記得，這家公
司14年前的市值只有8,000萬美元。1988年，公司淨利達到4億1,700
萬美元的高峰。

但和全球數千家報紙一樣，即使是這家優秀的報業公司，也受到破壞式
新科技的摧毀。華郵公司的報紙與雜誌發行部門不再賺錢。起初，獲利減

少的速度緩慢，但到了21世紀，儘管採取撙節成本的措施，報紙營收仍然下滑，並且出現虧損。

2010年，《新聞週刊》以1美元賣給西尼・哈曼（Sidney Harman），外加承受年金與其他債務。2013年，亞馬遜創辦人傑夫・貝佐斯（Jeff Bezos）買下《華盛頓郵報》。葛蘭姆家族認為，雖然這份報紙在他們控制下仍可倖存，但有貝佐斯的科技與行銷勢力加持，報紙會做得更好。貝佐斯支付2億5,000萬美元，並宣誓維持它獨立新聞報導的傳統。

結局是……

該公司在出售《新聞週刊》及《華盛頓郵報》之後，保存絕大多數的價值。有一段很長的時間，這份報紙和週刊一直不怎麼賺錢，也沒有創造股東價值。在唐納・葛蘭姆的持續領導下，華郵公司擁有有線電視系統、電視台、線上事業、印刷工廠，以及地方電視新聞頻道。然而，最重要的事業，是教育與職訓公司卡普蘭（Kaplan）。這家公司是在1984年用4,000萬美元收購，等到2007年時，已占華郵公司5成營收，當時華郵公司的股票市值達30億美元。在賣掉報紙之後，他們覺得應該更改公司名稱，於是改名為葛蘭姆控股公司。

巴菲特採取行動

2014年3月，波克夏與葛蘭姆控股達成一項協議，讓波克夏持有邁阿密一家電視台WPLG（巴菲特已在2011年離開華郵董事會）。在這項協議

中，波克夏同時取回葛蘭姆控股數年前買下的波克夏股票，以及現金。

　　波克夏以持有的160萬葛蘭姆控股B股作為交換。當時，這160萬股約占流通股數的28%，因此，葛蘭姆控股等於實施了一次股票回購，但不是全部以現金支付，同時，也將一項寶貴資產賣給了波克夏。波克夏拿回葛蘭姆控股手中的持股，實際上也是買回自家股票。在交易之後，波克夏仍持有大約12萬7,000股的葛蘭姆控股公司股票。

　　在這整件交易，巴菲特賣回給葛蘭姆控股的股票，獲得大約11億美元的價值。波克夏早已獲得40年前購買華郵公司股票1,060萬美元的許多倍。現在，該公司還擁有涵蓋全美第16大市場的主要電視台，收看電視的家庭有166萬戶。WPLG是迪士尼公司旗下美國廣播公司（ABC）的子公司。

巴菲特回想成功的投資，並嘲笑學者和他們的追隨者

　　在巴菲特1985年寫給波克夏海瑟威股東的信，他提到市場先生愚蠢至極、強勁媒體產業特許權的重要性，以及即使未來報酬注定低於以前水準，他仍願意持有摯愛的公司。

　　巴菲特再次提到在1973年中，華盛頓郵報公司價值4億到5億美元，但是市值僅1億美元。「我們的優勢……在於態度：我們跟葛拉漢學到成功投資的關鍵，是在市價與潛在企業價值出現大幅折價時，買進優良企業的股

票。（註❾）」

　　其他分析師沒有專心分析企業；他們「受到名門商學院學者的不良影響，這些學者傳播新潮流理論：股市完全是有效率，因此，企業價值的計算，在投資活動中不具意義，甚至連考慮都不需要。（註❿）」

　　巴菲特讚賞凱薩琳‧葛蘭姆才智與勇氣兼具，既打造了事業，並在1974年以低價買回大量自家股票：比波克夏買進的價格低了25%。

　　慢慢地、非常緩慢地，其他投資人逐漸了解，這家公司擁有優異的基本面，股價隨之上漲：「由此，我們經歷了三重上漲：公司事業價值大幅上揚；因為股票買回，每股事業價值增速更快；由於折價縮小，股價漲幅高於每股事業價值漲幅。（註⓫）」

投資組合的換股率

　　我們先前看到，巴菲特持有華郵公司的投資長達多年。在1986年寫給波

註❾　出自 1985 年巴菲特致波克夏海瑟威股東的信。

註❿　我本人寫過暢銷的英國大學企業財務教科書，應當負起一些責任。但至少我有進一步解釋說，雖然這些理論很有趣，也有它們的用途，但真實世界的許多複雜性，意味著我們在應用時必須小心。

註⓫　出處同註❾。

克夏海瑟威公司股東的信，他提到多年、甚至數十年長期持有的好處。

巴菲特指出，長期投資可提供下列好處：

◎一堵牆壁，防止華爾街當下的熱潮推促你拋售股票。
◎在面對暫時性的營運問題時，強化你的心理，預防不理性的恐懼，維持眼光看得長遠。
◎不致太過沉迷於新企業的概念，例如1986年的電腦與軟體，或是今日的網路或社群媒體。
◎有時間成為真正的投資人，也就是有時間分析潛在事業。熱過頭的交易者做不到這點。

為營運經理人提供穩定及值得信任的環境規畫公司，以長期創造價值，明白大股東既關心也支持，不會倉皇落跑。這種心理影響不可低估；它可培養忠誠、聚焦在長期、明智的雙向互動及誠實。

在信中，巴菲特寫說：

「我們必須指出，我們預料將永久持有這3家主要公司的持股：資本城市／ABC、蓋可公司、華盛頓郵報公司。即使這些股票看上去大幅高估，我們也不會賣掉它們，這就像即使有人提出遠高於這些公司價值的價格，我們不會賣掉時思（See's Candies）或《水牛城晚報》（Buffalo Evening

News）一樣。

　……我們將堅持『至死不渝』的政策。這是查理和我唯一感到放心的政策，並且能創造可觀的報酬，讓我們的經理人，以及我們投資公司的經理人，在不受干擾的情況下經營事業。（註⓬）」

註⓬　出自 1986 年巴菲特致波克夏海瑟威股東的信。

學習重點

1. 在評估內在價值時，要拋開暫時性的問題，直視企業經營的品質

2. 如果在你買進之後股價下跌，也不要氣餒
   內在價值可能沒有改變，甚至可能已經上漲了！

3. 若公司可望創造高已動用資本報酬率，便持續持股
   不要只是因為看到帳面利潤便太早賣掉。

4. 如果價格夠低的話，實施股票回購，對股東來説是好事一件
   每股盈餘可能上揚，提升每股價值。

5. 不要在熱門企業的競標戰中提出高昂價格
   如果別人很激動，你不必跟著激動。

6. 「無可避免」的公司，是最適合持有的公司類型（若以合適價格買進的話）
   因為它們主導所屬產業或產業區塊，而基於它們優異的競爭力，並可望在多年之後仍然處於主導地位。

7.高水準的經濟特許權也可能消失不見（例如報紙）
　　因此，要做好準備重新部署資本，到持續擁有強勁特許權的新領
　　域（以華郵公司為例，包括電視台及教育）。

8.不要太常更換你的投資組合
　　頻繁更換投資組合的持股，會讓你的股票經紀商和國稅局很開
　　心，卻減損你的財富。

第22筆

◉魏斯可金融公司（Wesco Financial）

投資概況	時間（年）	1974 迄今
	買進價格（美元／股）	約 17
	數量（公司股數占比，%）	起初為 64（當時公司有 3,000 萬股）
	賣出價格	仍持有
	獲利（美元）	20 億以上

　　魏斯可金融公司（Wesco Financial）的故事最吸引人的地方，不在於這家公司後來的成就，而在於巴菲特（Warren Buffett）與蒙格（Charlie Munger）從買下該公司之後的30年，運用該公司資源的高明之處。他們沒有讓這家提供房貸的金融機構閒置大筆現金，而是依循波克夏海瑟威（Berkshire Hathaway）的既定道路，收購及打造其他重要事業，例如保險，他們也投入股票、債券、優先股等投資組合，包括菸草商雷諾（RJ Reynolds）和富國銀行（Wells Fargo）。

　　實際上，許多巴菲特的追隨者把魏斯可稱為迷你波克夏，因為它擁有數家全資子公司，尤其是保險業，而且它的有價證券組合，與波克夏的投資組合有許多相同的持股。巴菲特與蒙格吸引小型投資人搭順風車的一大原因是，魏斯可的股票只要數千美元就能買到一股，而波克夏的股票已漲到

數萬美元。這是比較便宜的介入方式。

　　另外的好處，是魏斯可的股東可以受邀參加由查理‧蒙格所主持的年度大會。投資人出席在加州帕沙迪那市（Pasadena）魏斯可餐廳舉行的大會之後，保證會聽到妙語如珠的智慧。

魏斯可金融公司

　　魏斯可金融是帕沙迪那市互惠儲貸協會（Mutual Savings and Loans）的控股公司。該公司在1920年代，由魯道夫‧卡士柏（Rudolph W. Caspers）創立。第二次世界大戰之後掀起一股建築熱潮，該公司業務因而蒸蒸日上，1959年更在美國證交所掛牌上市。

　　但此後直到1972年，儘管公認該公司的管理良善、十分注意成本、獲利佳，卻被認為進入停滯期，不會快速成長，股價因而跌到10幾美元。

　　該公司大股東是卡士柏的一些後代，但即使他們加起來，也未能持有多數股權。這群人的領導人是伊莉莎白‧「貝蒂」‧卡士柏‧皮特斯（Elizabeth "Betty" Caspers Peters）。她是董事會成員，但在其他時間，這位47歲的女士，都在照顧她的學齡子女，以及肥沃的納帕山谷農場。迄今，她仍然在董事會任職，高齡90歲。這個故事的另一名主角是路易斯‧文森提（Louis R. Vincenti），在1955年進入魏斯可工作。他的升遷迅速，

1961年便成為總裁。

蒙格與巴菲特感興趣

有一段時間，巴菲特對儲貸公司很感興趣。他閱讀過數百份這類公司的報告和帳目。1972年夏天，魏斯可金融公司市值不到3,000萬美元，大約只有淨資產價值的一半。巴菲特與蒙格指示藍籌印花（Blue Chip Stamps），用200萬美元買下8%的魏斯可股票。

1972年下半年，貝蒂‧卡士柏‧皮特斯鼓勵董事會要更有動力，去推動公司成長。其他董事拒絕她的意見，給人傲慢的印象。挫折之餘，她開始接受與其他更有執行力的公司合併的想法。聖塔芭芭拉金融公司（Financial Corporation of Santa Barbara）似乎是合適的對象，因為它們忙著展店，而且做著她認為魏斯可該做的事，就是設法擴大規模。

差勁的提議

1973年1月，魏斯可宣布計畫與聖塔芭芭拉金融公司合併。貝蒂‧卡士柏‧皮特斯雖然明白，這項合併提議不是那麼好，卻又覺得必須做些什麼才行。

藍籌加州總部與奧馬哈的8%股東覺得，魏斯可的主管做出太多讓步，提

議用魏斯可股票交換聖塔芭芭拉股票的比率過高。於是，他們計畫要阻止
這項合併案。

巴菲特接管魏斯可金融

　　巴菲特及蒙格提出一項兩個方針的策略。首先，藍籌需要增加自己的投
票權。藍籌於是買進更多魏斯可股票，一路買到最高每股17美元，直到持
股17%（未經主管機關許可，禁止持有20%以上的儲貸公司股票）。

　　其次，他們必須讓董事會成員相信，這項合併案並不符合股東最佳利
益。蒙格要求與魏斯可執行長文森提舉行會議，但被委婉告知，假如股東
遵照董事會建議通過此案，這項交易案將如期進行。吃了閉門羹的蒙格便
去找貝蒂・卡士柏・皮特斯。一開始，是藍籌總裁唐納・凱佩爾（Donald
Koeppel）去找皮特斯，結果遭到回絕。此時，巴菲特打電話去。幸好，
她正好看完《超級金錢》（Supermoney；（註❶））一書談到巴菲特與他
的葛拉漢投資哲學，他在書中被形容為一名頭腦清晰的思考家，充滿商業
智慧。因為印象深刻，皮特斯同意與巴菲特會面，但限定在24小時內。

　　他們在舊金山機場的一個貴賓室見面，他們一見如故。皮特斯開門見山
的說，她希望魏斯可能有作為。巴菲特問，除了合併之外，能不能給他一

註❶　傑洛米・古德曼（筆名亞當・史密斯）所著。

個嘗試的機會。他有信心可以為股東創造更多價值。

但萬一巴菲特喪失能力，或是被公車撞死了呢？她和她哥哥的股票該怎麼辦？巴菲特回答，蒙格會是接手的合適人選。畢竟，巴菲特極為信任蒙格的才智和正直，甚至已經安排在他本人不再適任之後，由蒙格負責波克夏與他的家族持股。會晤3小時之後，他們商定由皮特斯去說服董事會放棄合併計畫。

在第2次見面時，蒙格與巴菲特一同參加，皮特斯同意，要求董事會安排與他們兩人開會。她跟董事會提出這項要求時，卻發現董事執意推動合併案，而不願意進一步討論。一氣之下，她要求她的家族投下反對票。

巴菲特與蒙格展開行動

這項合併計畫遭到股東投票否決，眾董事氣急敗壞。股價由17美元跌到11美元。

巴菲特與蒙格展開行動。首先，他們跨越數道法規障礙，得以收購20%以上的魏斯可股票。接著，他們並向其他股東提出收購邀約，把藍籌的持股提高到占魏斯可的1/4股權。

他們的出價高於市價，達到17美元。就大盤跌勢來看，這是很奇特的舉動。他們的開價十分慷慨，免得被人認為他們刻意造成合併案失敗，以便

在事後股票下跌時趁機搶進。

　　除了這兩人奉行的正直與榮譽教條，巴菲特與蒙格需要取得文森提的尊重、信賴及忠誠，他們早已鎖定這個人，是他們在魏斯可的關鍵人物。

　　他們搞垮了文森提建議的合併案；最起碼，他們可以用起跌前的股價，讓其他股東可以全身而退。這麼一來，文森提會看到他多年來服務的股東，其中不少還是他的朋友，得到了合理的對待。巴菲特及蒙格認為，文森提是個有話直說、精明幹練、獨立及誠實的人，雖然有些古怪，但希望他能成為他們的長期「合夥人」。我們再度見證到合夥精神這個概念，外加信賴、尊重、正直，以及相互增益等特點。

　　1974年上半年，藍籌買到足夠的持股，公開宣布它們成為多數股東。貝蒂‧卡士柏‧皮特斯持續作為少數股東，她後來認為，這是她在魏斯可轉型之際做出最幸運的決定之一。

魏斯可早期的困境

　　巴菲特與蒙格在1974年加入魏斯可董事會時，藍籌印花仍不斷買進魏斯可的股票，直到1974年底時，已經持有魏斯可的64%股權。等到1977年，藍籌持股達80%，也就是巴菲特跟貝蒂‧卡士柏‧皮特斯達成協議的上限。

魏斯可表現良好。舉例來說，藍籌8成持股分配到的稅後淨利，在1977年達到571萬5,000美元，就3,000萬到4,000萬美元的買股資本來說，是很不錯的報酬率（註❷）。

值得一提的，不只是儲貸業務業績好轉而提升獲利，該公司強勁的資產負債表，顯示出大幅的資本利得，證明「儲貸協會子公司以外的資產大增，可供配置到其他地方。（註❸）」

接著，在1978年，藍籌8成持股分配到的淨利，激增到741萬7,000美元。這一年正好是儲貸協會表現超好的一年，可惜好景不常。

波克夏海瑟威公司分享到的魏斯可淨利，並沒有741萬7,000美元那麼多，因為當時波克夏在藍籌的股權只有58%，而後者在魏斯可的持股是80%。換句話說，波克夏只能分配到46%的魏斯可淨利。一直到1983年，波克夏才完全持有藍籌印花公司。

鋼鐵行動

我們已提過，該公司的部分資金拿來投資股票，但在1979年2月之前，魏斯可只有一項業務。之後，該公司以大約1,500萬美元的價錢，收購一

註❷　這批股票在一段很長時期以不同價位買進。
註❸　出自 1977 年蒙格與凱佩爾致藍籌印花股東的信。

家位在芝加哥郊區中西部鋼鐵服務中心公司精準鋼鐵倉儲（Precision Steel Warehouse）。除了銷售鋼鐵，精準鋼鐵也製造、行銷自家品牌的工具室供給品和其他產品。

　精準鋼鐵1978年的公告稅後淨利是191萬8,000美元，因此，只用1,500萬美元收購，看似是很划算的價錢。但鋼鐵供應商是一個很競爭的市場，容易受到景氣波動的衝擊。接下來的幾年，該公司獲利萎縮。起初的跌幅很溫和，但到了1981第4季，鋼鐵業陷入嚴重衰退，獲利陡降。1983年的稅後淨利只剩30萬美元。

　除了景氣造成的獲利萎縮，雪上加霜的，是蒙格與凱佩爾犯下在1982年藍籌股東信說的「一項商業錯誤」。他們說，他們不該跨入小型測量工具行銷業務。精準鋼鐵的這家子公司在1982年以「代價高昂」的方式關閉。顯然，對迷你綜合集團來說，這不是一個好的開始。

　然而，他們度過風暴，精準鋼鐵至今仍隸屬魏斯可。但前者遭遇多年苦日子，只過上幾年好時光。例如，1990年代後期，該公司一連數年的稅後淨利達到300萬美元以上的驚人高峰，但之後4年多半是損益兩平。總體來說，我們可以把精準鋼鐵視為巴菲特與蒙格指揮下最不賺錢的一項投資。

儲貸災難
　1980年代初期，魏斯可擁有一項不太賺錢的鋼鐵事業和原先的儲貸事

業，外加股票投資組合。但儲貸事業逐漸構成巴菲特與蒙格的管理挑戰。早在1980年春天，管理藍籌及魏斯可的主管，也就是蒙格和凱佩爾便警告，整個儲貸業可能面臨黯淡的前景。這個產業發生一個很嚴重的問題，因為這數十年來，儲貸業提供固定利率房貸給貸款人，資金來源是從存款人的儲蓄，這部分則用機動利率來計算。而且存款人可以臨時撤出資金。

隨著通膨與一般利率在1980年代初期上揚，儲貸業者被迫不斷調高利率，才能吸引存款，但不能調升房貸利率，因為它們簽下的是固定利率協議。因此，它們從貸款人收到的資金，可能少於支付給存款人的資金。許多業者便破產了。

在這裡，巴菲特、蒙格與凱佩爾對經濟事務的廣泛視野及對一連串事業的深入了解，讓魏斯可占據有利地位，不僅安然度過危機甚至更興隆。他們很早便明白，互惠儲貸的利潤可能會大幅減少。於是在1980年3月，把互惠儲貸所有的辦公室，都賣給布蘭特伍德儲貸協會（Brentwood Savings and Loan），只留下總部大樓和「一個在對街營運的分區辦公室」。

在出售前，互惠儲貸有4億8,000萬美元存款。其中大約3億美元轉讓給布蘭特伍德，外加相同金額的房貸。這項高明的舉動：

◎在風暴來襲前夕，一口氣把儲貸市場的曝險部位，減少了近2/3。
◎出售實體分公司辦公室來募集資金。

◎降低為剩餘的1億5,000萬美元房貸，以及1億7,000萬美元存款客戶
提供服務的成本，因為已經沒有分公司網路了。

◎把一大筆資金（大約1億400萬美元）保存在現金、股票，以及為魏斯
可孳息的存款。繼波克夏保險事業和藍籌印花的浮存金之後，這成為
巴菲特及蒙格的另一筆投資資金。

出售大部分業務後，他們表示這不是宣告利率將急遽上升，而是萬一利
率上升時做保護。蒙格及凱佩爾在1980年3月寫信給藍籌股東時表示：

「假如在今後數年內，通膨與利率大幅揚升，而且是永久性的，出售分
公司將可大幅提升總體未來獲利。互惠儲貸因而採取行動，保護自己不致
遭受高通膨的負面影響，而不是為了讓自己從低通膨賺取最大利潤。這項
行動不是因為認為未來高通膨與高利率無可避免，甚至有可能發生。相反
地，我們認為，這項行動顯示，基於安全邊際的考量，身為金融機構，我
們想要重組互惠儲貸，以便降低『地震風險』。」

我認為他們預先設想到大規模儲貸危機，並果斷採取行動，減少互惠儲
貸可能遭受的打擊，這是很了不起的。他們為公司奠定日後繁榮的基礎。

開始轉型

出售分公司的收益，有一部分回饋給股東。1982年初，藍籌收購8成魏

年度	藍籌在互惠儲貸的平均股東權益，如藍籌合併資產負債表所示（萬美元）	藍籌分配到互惠儲貸的現金股利（萬美元）	藍籌自互惠儲貸的現金股利得到的年度股東權益報酬率（%）
1975	1,200	190	16.1
1976	2,060	320	15.7
1977	2,390	380	16.1
1978	2,530	530	20.9
1979	2,560	670	26.3
1980	2,240	990	44.0
1981	1,880	190	10.2

表1 **出售互惠儲貸分公司的收益，經股利回饋股東**
——1975年～1981年藍籌股東分配的互惠儲貸現金股利

資料來源：1981 年蒙格和凱佩爾致藍籌股東的信

斯可股權的資金，都經由分配到的股利回本了，如表1所示。這筆資金獲得妥善運用，拿去收購一些優良公司的控制股權及非控制股權。

運用魏斯可公司所持有的資金，文森提把剩下的互惠儲貸業務經營得很好。蒙格與巴菲特皆大力地讚賞他。除了在高效率、低成本的儲貸業務

獲得良好報酬率之外，文森提還做了一件夢想打造王國的經理人不會做的事：為了擴大股東權益報酬率，逐步縮小事業。到了文森提1983年退休時，互惠儲貸年度獲利超過300萬美元，而同時期的儲貸業者則大部分都在虧損。

但儲貸業務逐漸縮減，是因為其他地方出現更好的資本運用機會。1990年代後期，蒙格在魏斯可股東信提到儲貸業務時，加了一個不光彩的標題「儲貸時代的尾端」。

鉅額價值的尾端

雖然原先提供房貸的儲貸事業已大不如前，但這項事業留下的一個尾端，後來價值數億美元。互惠投資7,200萬美元，買下2,880萬股的房地美股票（聯邦房屋抵押貸款公司，簡稱Freddie Mac）。這些股票在2000年賣出，「占魏斯可在2000年實現8億5,240萬美元稅後股票利得的主要部分。（註❹）」

想到魏斯可整家公司在1970年代中期價值不到4,000萬美元，如果出售房地美股票得到的8億美元，便等於2000年該公司的所有價值，那麼單是這項報酬率，就應該令我們感到滿足。但是實際上，魏斯可還遠遠不止如此。

註❹　出自 2000 年蒙格致魏斯可股東的信。

魏斯可的保險事業

魏斯可資本配置最重要的改變，發生在1985年。該公司與消防員基金保險公司達成一項交易。這家公司以前是美國運通（American Express）旗下子公司，1985年在保險事業老將傑克·拜尼（Jack Byrne）領導下，在證交所掛牌上市。拜尼深受巴菲特崇拜與感謝，因為他成功扭轉了蓋可公司（GEICO），後者於1970年代波克夏買下多數股權時已瀕臨破產（詳見p.55）。

巴菲特極為尊敬拜尼，甚至由國家保障公司（National Indemnity）再保險消防員基金保險公司7%的保險業務（除少數例外），為期4年。這種保險業的交易稱為「比率再保險」（quota share）。意思是波克夏的虧損與保險事業的成本在合約期間，按比率分攤給消防員基金。

作為交換，消防員基金一收到保費便交給國家保障公司。因此，承受7%風險創造的保費，由波克夏公司持有。這筆錢加入到波克夏的浮存金，可用來投資。當時，消防員基金1年有30億美元收入（並預料將成長），也就是30億美元的7%（2億1,000萬美元）將流向波克夏。當然，若理賠金額增加，資金就會由波克夏流出，即使如此，巴菲特還是有一大筆浮存金可投資，因保險人支付保費與申請理賠間，往往有一段很長的時間落差。

在1985年的信中，巴菲特說明最初的金額：「該公司（消防員基金）

在1985年9月1日的預收保費準備金,是13億2,400萬美元,因此,在合約成立時轉讓其中7%,也就是9,270萬美元給我們。我們同時支付它們2,940萬美元,彌補它們因轉讓保費所孳生的承保費用。(註❺)」

魏斯可的角色

雖然消防員基金所有的保單,都由國家保障公司承保,但其中2/7轉移給魏斯可金融保險公司(Wesco-Financial Insurance Company, WesFIC),這是新成立的保險與再保險公司。

消防員基金把保費轉讓給魏斯可的協議,在1989年8月結束,但魏斯可得到的好處持續下去。魏斯可金融保險公司仍持有數億美元作為浮存金,以作為未來理賠1985年到1989年間支付保費的準備金。即使到了1997年,魏斯可金融保險公司仍持有2,750萬美元作為準備金。

蒙格很清楚準備金的好處。他在1997年寫給魏斯可股東的信中表示:「要花一段很長的時間,所有的理賠才會結束,而在這段期間,魏斯可金融保險公司有很多年因『浮存金』的投資收益而獲益不少。」

魏斯可金融保險公司持續進行其他再保險業務,包括大大小小的比率再保險合約,條件與消防員基金公司的合約可能不同,也可能相同。過沒多久,魏斯可金融保險公司的總部便移到奧馬哈,也就是波克夏保險事業的中心,儘管它仍是魏斯可的子公司。1994年後,魏斯可金融保險公司擴大

業務到另一種再保險：巨災保險，像是地震、颶風等。這項事業需要就每年收取的保費提列鉅額準備，因為理賠金額可能極為龐大。蒙格說明從事這項業務的原因：

「……巨災保險不適合膽小的人。年度業績巨幅波動是無可避免的，魏斯可金融保險公司未來將面臨一些不愉快的年度。但就常理來說，正是這些不好的可能性，以及它們造成偶爾幾年巨大的負面後果，讓魏斯可金融保險公司進軍巨災事業。購買巨災保險的人（尤其是聰明的人）都會想跟波克夏海瑟威子公司做生意（它們擁有最高信用評級和可靠的企業性格），而不會找其他不是那麼謹慎、直接、條件沒那麼好的再保險商……基於這些理由，我們可以合理預期，資金充足、有紀律的決策者，將出現可接受的長期業績，儘管某些年度會承受可怕的虧損，而另一些年度可能承保的機會有限……魏斯可金融保險公司，藉由與波克夏的安排，利用波克夏的名聲，取得特別的招攬業務優勢。（註❻）」

信評機構標準普爾（Standard & Poor's）對魏斯可印象極佳，因此給予最高的理賠能力評級：AAA。魏斯可此時已將脫離儲貸業務剩下的大筆資金，投資非股票類資產（例如房地美），它也因為與波克夏的關聯而享有名聲優勢。

註❺ 出自 1985 年巴菲特致波克夏海瑟威股東的信。
註❻ 出自 1997 年蒙格致魏斯可股東的信。

由於魏斯可及波克夏建立在互信基礎上的關係，以及波克夏保險商的卓越專業知識，魏斯可董事會許可自動承受波克夏全資子公司提出的再保風險。這項安排的美妙之處，在於魏斯可金融保險公司需要的人手很少，所以成本很低：該公司幾乎沒有招攬保險，或是管理保險的成本。

　　可惜，巨災保險事業的承保利潤很差。其實，這個領域的早期獲利，還不足以彌補2001年紐約雙子星大樓恐攻造成的、超過1,000萬美元的虧損。不過，至少有魏斯可金融保險公司運用巨災保險事業產生的浮存金，擴大再保險事業創造的鉅額浮存金；這筆浮存金主要用在航空、船舶、負債和員工理賠準備金。

　　那些年魏斯可金融保險公司的淨利（這種獲利與波克夏的資料分開）顯示在表2。該公司的淨利主要是投資收益而非承保收益，因為魏斯可金融保險公司在歹年冬的再保險虧損，往往抵銷掉好年冬的承保利潤。

　　注意看，若要創造這種水準的利息與股息收益（房地美投資等變現資產的資本利得另外計算），需要數億美元的債券、優先股和股票；而顯然，魏斯可在1990年代已有很大的規模。

迷你綜合集團

　　1996年，魏斯可進一步拓展保險事業，用大約8,000萬美元現金，收

表2 魏斯可金融保險公司淨利持續增加
——魏斯可金融保險公司淨利

年度	淨利（萬美元）	年度	淨利（萬美元）
1996	2,500	2003	4,010
1997	2,750	2004	3,570
1998	2,950	2005	4,280
1999	3,720	2006	5,540
2000	3,860	2007	6,130
2001	3,590	2008	6,280
2002	4,200		

註：淨利包含利息、股息和承保盈虧

購堪薩斯金融擔保公司（Kansas Bankers Surety）。隔年，堪薩斯金融擔保公司為保險事業淨營業利益，貢獻了600萬美元。以8,000萬美元來看，這種報酬率或許不算高，但巴菲特與蒙格認為該公司營運良好，承保紀錄優異，又有傑出經理人，很快便能貢獻更多利潤。

堪薩斯金融擔保公司

堪薩斯金融擔保公司創立在1909年，是堪薩斯銀行業的存款保險公司。這表示它們承保銀行的存款，保證存款人一定可以拿回存款，即使銀行倒閉（金額超過聯邦政府保障的額度）。這些年來，該公司擴大範圍，承保中小型社區銀行，遍及22個主要中西部州。該公司也提供責任保險，

若銀行董事與經理人因罪行等必須負起公眾責任時,便給付保險金(董事與主管責任保險)。此外,還有銀行聘雇行為責任保險、銀行年金與共同基金責任保險、銀行保險經紀人專業責任保險。堪薩斯金融擔保公司完全聚焦在銀行業,並在這個領域獲得高度評價與名聲,因而取得競爭優勢。

巴菲特與蒙格在堪薩斯金融擔保公司鎖定的關鍵人物是該公司總裁——唐納·陶勒(Donald Towle)。他極為熟悉這個利基市場,而且,其管理的主管與員工總共才13人。在1996年致波克夏股東信中,巴菲特表示陶勒是「一名優異的經理人。唐納與數百名銀行家建立起個人關係,對公司營運細節瞭若指掌。他把公司當成『自家』公司在經營,我們波克夏十分賞識這種態度。」

在信中,巴菲特自我嘲諷他選擇收購這家公司的隨意方式:

「你們或許想知道,波克夏決定這項交易背後的精心擘畫、深思熟慮收購策略。1996年初,我受邀參加我姪子的妻子珍·羅傑斯(Jane Rogers)的40歲生日派對。我對社交活動沒有興趣,立即以一貫優雅的方式,開始找藉口要回絕這項活動。當時的派對策畫者,很聰明地提議讓我坐在我向來欣賞的男士鄰座,也就是珍的父親洛伊·丁斯戴爾(Roy Dinsdale),所以我就去參加了。

派對在1月26日舉行。雖然音樂很大聲:為什麼樂隊一定要演奏得好像

他們是按照分貝來收費一樣？我勉強聽見洛伊說，他剛參加過堪薩斯金融擔保公司的董事會議，我向來欣賞這家公司。我大聲喊說，如果這家公司想要出售，他一定要讓我知道。

2月12日，我收到洛伊的來信：『親愛的華倫，隨信附上堪薩斯金融擔保公司的年度財務資訊。這是我們上次在珍的派對上談到的公司。如果還有我可以幫得上忙的地方，請告訴我。』2月13日我告訴洛伊，我們願意用7,500萬美元收購該公司，沒多久，我們便成交了。現在，我處心積慮要受邀去參加珍的下一次派對。（註❼）」

與波克夏聯手之後，增強堪薩斯金融擔保公司原已強勁的市場地位。陶勒表示，作為波克夏的一分子，沒有人會質疑它們給付保險金的能力。他還說，巴菲特很擅長在不加干預之下，讓公司成長。目前，堪薩斯金融擔保公司仍由一支小型團隊管理，仍然專注在銀行保險，公司總部依然設在堪薩斯。

柯特商業服務

魏斯可在2000年2月，以現金3億8,400萬美元買下柯特商業服務（CORT Business Services），跨入辦公室與公寓租賃家具事業。該公司具有巴菲特及蒙格許多收購案的要素：在不起眼、被冷落產業的好公司，因

註❼ 出自 1996 年巴菲特致波克夏海瑟威股東的信。

此估值沒有偏高；還有一名傑出經理人——保羅·雅諾（Paul Arnold）。

柯特是這個行業的全國龍頭，擁有117間展示中心，已從一樁失敗的融資收購案恢復過來。1999年的總營收是3億5,400萬美元，其中，2億9,500萬美元是家具租賃營收，5,900萬美元是家具出售營收。1999年的稅前淨利是4,600萬美元。大部分的美國大企業需要臨時家具時，都向柯特租用。一般來説，家具租出去3次之後，便會在柯特的出清中心拍賣。

從一開始，雅諾便獲得承諾，「魏斯可公司總部不會加以干預。我們若批評在這個行業擁有卓越紀錄的人士，一定是瘋了。（註❽）」蒙格也説，他預期這家公司將有「大幅擴張」。

非常長期的關注

儘管起初樂觀看待，巴菲特與蒙格對這家公司必須很有耐心；其實，時至今日，他們仍在等待良好報酬率。2000年的網路泡沫破滅，以及2001年911恐攻之後，辦公家具需求一落千丈。2000年3月到12月的10個月營業利益是2,900萬美元，2001年滑落到一半以下，是1,310萬美元，2003年還出現虧損。

蒙格在2001年的股東信裡，沮喪地回顧説，即使是最能幹、最老練的

註❽　出自 1999 年蒙格致魏斯可股東的信。

投資人，也無法預測經濟和其他事件：「顯然在我們收購柯特時，沒有預測到家具產業租賃部門的近期產業前景。」雖然景氣艱困，柯特公司在衰退時期收購一些小型同業，而擴大地理範疇。該公司同時建立公寓搜尋事業，幫助企業安置員工。

大約3年後，景氣逐漸好轉，2006年的稅後淨利，幾乎回到2000年水準，是2,690萬美元。但2009年又發生金融危機，柯特再度出現虧損。此後，稅前淨利逐步好轉：

◎2011年：2,900萬美元
◎2012年：4,200萬美元
◎2013年：4,200萬美元
◎2014年：4,900萬美元
◎2015年：5,500萬美元

儘管近年獲利提升，我們仍不禁質疑以3億8,400萬美元買下這家公司，是否有足夠的安全邊際。或許從此時起，情況就會好轉。

購併在35年後終於完成

最後在2011年，波克夏持有的19.9%魏斯可股權，被其他股東買走。代價是5億5,000萬美元。乘以5倍，我們得出魏斯可當時的價值是27億5,000萬美元。對藍籌印花用3,000萬至4,000萬美元，買下魏斯可的8

成股權來説，這種報酬率實在不錯。

　　這種價值由何而來？畢竟，精準鋼鐵沒有多少貢獻，柯特也是。祕訣在於運用儲貸事業的原始資金。這筆資金逐步移到魏斯可持有的債券、優先股和普通股，締造一些很不錯的投資，像是房地美，價值由7,200萬美元增加到8億美元。

　　後來，魏斯可發展再保險與銀行保險事業，兩者都是由波克夏海瑟威的承保專業知識背書，保險浮存金也可供投資股票。其中，有不少投資都很成功。案例如下：

◎**所羅門與旅行者集團（Travelers Group）**：1997年，魏斯可同意用手中持有的所羅門優先股與普通股，10年前的價值8,000萬美元，去交換旅行者集團的優先股與普通股。這些旅行者的股票價值，比魏斯可買進所羅門股票的金額高出1億1,210萬美元，報酬率達140%。
◎**吉列與寶僑**：吉列（Gillette）的可轉換優先股，在1989年價值4,000萬美元，1991年轉換為普通股。2005年交換寶僑（P&G）股票，價值2億1,610萬美元，報酬率440%。
◎**富國銀行**：這筆2008年的投資，時機沒有招得很好，不過，儘管陷入大衰退（Great Recession），富國銀行股價在2008年1月是每股26美元，迄今漲到44美元。

學習重點

1.把名聲視為寶貴資產

如果貝蒂‧卡士柏‧皮特斯不是因為崇拜巴菲特名聲，而同意跟他見面，這筆交易便不可能推動。

2.資本配置總會犯下錯誤，例如精準鋼鐵

秉持穩健原則的好投資人／經理人，可以承受這類打擊，然後繼續前進。

3.注意下檔風險

如果產業龍頭因為盲目的一窩蜂，將奔向懸崖，例如，1980年代房貸固定利率、存款機動利率的儲貸業者，或是2007年購買證券化債券的銀行，投資人必須做好準備，在萬一崩盤時減少虧損。

4.信任可以大幅節省成本

舉例來說，魏斯可信任波克夏的保險承保商，可以招攬價格合理的保單，因而節省自行成立承保團隊的昂貴成本。

❧ 與波克夏海瑟威合而為一 ❧

現在，我們來談談巴菲特（Warren Buffett）投資生涯最重要的轉捩點。1970年代中期，他的身價約1億美元，但資金都分散到各個投資工具，有些分配到個人投資組合，有些投入波克夏海瑟威（Berkshire Hathaway），有些進了多元零售公司（Diversified Retailing），有些放在藍籌印花公司（Blue Chip Stamps）。這幾家公司還交叉持股，讓情況變得更複雜，它們各自對外募集股東，這些股東為了自身利益，各有各的盤算。

投資歷史超過30年的巴菲特，不得不著手釐清持股結構，本章要描述的，就是他整合持股的故事。

盤根錯節

1970年代中期，巴菲特對投資的多家公司，偶爾會在直接持股或交叉持股之間做調整，但投資結構大致上沒有太大變動，直到大整合（Great Consolidation）行動出現。要是鉅細靡遺呈現巴菲特在各家公司的持股比率，恐怕會做出一張令人費解的圖表。考量到這3、4年的持股變化，我已

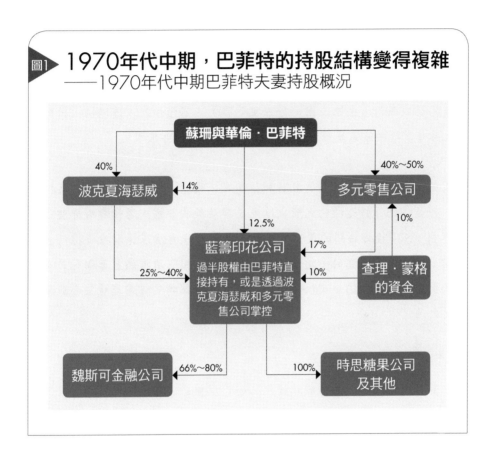

圖1 **1970年代中期，巴菲特的持股結構變得複雜**
——1970年代中期巴菲特夫妻持股概況

經盡量簡化，只提供各方大略的持股情況，請詳見圖1。

當局關切

1974年，魏斯可金融公司（Wesco Financial）交易案引起美國證管會

（SEC）注意。巴菲特與蒙格（Charlie Munger）雙管齊下，除了直接入股，也透過多元零售掌控藍籌印花股權，讓SEC官員心生疑慮。巴菲特還可經由他執掌的波克夏海瑟威影響藍籌印花（在這個階段，蒙格並沒有波克夏海瑟威股份，也未在內部擔任主管職）。不僅如此，透過個人持股及多元零售掌握的波克夏股份，巴菲特手握波克夏一半股權。

　　表面上看來，當中很可能潛藏利益衝突，畢竟，這幾家公司還有其他股東，若是像巴菲特這樣的大股東肆無忌憚地玩法弄權，恐怕會對那些小股東不利。SEC勢必要問的是，蒙格和巴菲特有沒有陰謀操縱投資標的企業股價？尤其引人關注的，是蒙格的資金，與他握有股權的藍籌印花公司，以及藍籌印花掌控的企業，像是魏斯可，有何關聯？何處是這些小股東的立足之地？

他們以行動為自己辯護

　　巴菲特意識到，他的持股結構沒必要這麼複雜，外人甚至可能因此懷疑小股東權益會受到侵害，於是，他宣布把多元零售併入波克夏的計畫。

　　態度始終謹慎的SEC，心中有一大堆問號，想知道是怎麼回事。1974年，空頭降臨，蒙格與巴菲特說明整併動機及相關細節，之後發生讓他們不快的事，SEC竟宣布要展開正式調查。名為《藍籌印花公司和波克夏海瑟威合併案，華倫・巴菲特（sic）HO-784》檔案中，SEC要調查的是，巴菲特是否一手策畫，或是與他人聯手遂行詐欺計畫，他有沒有滿口謊言，

或是故意省略重要事實？藍籌印花有操縱魏斯可金融公司股價嗎？巴菲特及蒙格還玩了什麼其他把戲？

關於波克夏海瑟威、時思糖果（See's Candies）和其他公司的文件大量送交到SEC。1975年3月，蒙格與巴菲特連續兩天被SEC傳喚作證。

問：蒙格做空聖塔芭芭拉金融公司（Santa Barbara Savings and Loan）的股票嗎？

答：沒有

問：藍籌印花公司是否刻意阻撓魏斯可金融與聖塔芭芭拉金融公司的合併案，好讓自己不動聲色收購魏斯可？

答：那樁合併案八字還沒一撇，成功的機率微乎其微。

問：在合併案告吹後，為何要出高價買下魏斯可股權，畢竟這麼做，會讓藍籌印花股東一頭霧水，不是嗎？

答：長遠來看，只要藍籌印花董事善待魏斯可股東，藍籌印花的股東報酬率會更好，路易斯・文森提（Louis Vincenti）、貝蒂・卡士柏・皮特斯（Elizabeth "Betty" Caspers Peters），以及其他魏斯可股東也會維持善意，收購之後彼此的關係極為重要。

巴菲特的大整合行動

針對巴菲特複雜的持股結構，以及他與蒙格在藍籌印花和魏斯可做的

事，SEC的調查行動一直延續到1975年底。顯然是巴菲特的投資結構錯綜複雜，讓人愈加懷疑有不法勾當在進行，SEC不得不費一番工夫調查，巴菲特因而漸漸下定決心，要讓他的事業單純化。

經過2年的調查之後，SEC終於做出裁奪：藍籌印花公司出手搞垮合併案，人為哄抬魏斯可的股價。即使如此，SEC並未對巴菲特提告，只要他承諾不會再犯。即使沒有認不認罪的問題，藍籌印花還是拿出11萬5,000美元，補償幾位據信因他們的收購股權行動，而受到傷害的魏斯可股東。總歸一句話，SEC不過是高高舉起，輕輕放下。

合而為一

1978年，當時已是結合零售及火災、意外、勞工理賠業務企業的多元零售公司，終於併入波克夏海瑟威。握有多元零售公司股份的蒙格，得到波克夏2%股權及副總裁職位的回饋（他已結束波克夏投資合夥人身分）。

結果，多元零售公司股東山迪·葛茲曼（Sandy Gottesman）在波克夏的持股比率，還略低於蒙格。

如今，波克夏掌控藍籌印花公司過半股權（約58%），巴菲特除了波克夏股份，外加13%藍籌印花股權，實際上再無其他股票投資組合。巴菲特與老婆蘇珊（Susan Buffett），各自持有43%和3%的波克夏海瑟威股權。1983年，波克夏買下藍籌印花所有剩餘的股份，實現完全收購。

反思時刻

巴菲特在48歲的年紀，完成多元零售公司與波克夏的合併，他應該會大大滿意自己的傑作。這兩家公司的股價雙雙漲破200美元，代表巴菲特和妻子的身價超過1億美元。

巴菲特從11歲時，以229.5美元的投資成本，幫自己和姊姊桃莉絲（Doris Buffett）買了6股資本城市（Capital Cities）的優先股，到如今主持一個龐大的企業帝國，旗下有像時思糖果這麼耀眼的資產，幫他創造數百萬美元，再轉投資其他領域。

他還有數億美元的保險浮存金可支配，讓他得以年復一年大展拳腳，更多時候，是靠承保利潤來成就他的投資事業。更值得慶幸的是，他入股一些很棒的公司，享有這些傑出經營者的深厚友情，像是《華盛頓郵報》的凱薩琳·葛蘭姆（Katherine Graham）、伊利諾國家銀行（Illinois National Bank）的尤金·阿貝格（Eugene Abegg），也難怪他每天都踏著輕快的腳步上班。

巴菲特不需要再擔心會過窮日子，他已建立可觀的財富屏障，那麼，驅使他繼續創造財富的動力是什麼？就像很多百萬富豪依然加倍勤奮工作一般，他愛上投資遊戲帶來的興奮快感，為未完成的畫布塗上一筆。創造力十足的他，想繼續發揮聰明才智，締造更大、更好、更雄偉的成就。在波

克夏海瑟威堅固的基石之上，巴菲特確實做得有聲有色。接下來的40年，他讓一家弱不禁風的紡織廠，蛻變成全球前五大股票上市公司，市值超過4,000億美元。而現在，巴菲特還是可口可樂（Coca-Cola）、富國銀行（Wells Fargo）、伯靈頓北方聖塔菲鐵路公司（Burlington Northern Santa Fe）、美國運通（American Express）、IBM等眾多公司的大股東。

巴菲特並未以此自滿，仍在持續擴張他的帝國。要是他能再多活幾年，我找不出他不會成為全球最大民營企業領導人的理由。這對出身奧馬哈的樸實小伙子來說，真的是了不起的成就，他始終恪守這樣的格言：不想被客觀公正的記者，當成地方報紙頭版新聞來報導的事，千萬別做，以免隔天被你的另一半和親友看到。

交易概況 本項附錄的表格，綜合整理本書提及的投資交易。

交易	日期（年）		價值（美元）		獲利（美元）
	買進	賣出	買進	賣出	
城市服務	1941	1941	114.75	120	5.25
蓋可	1951	1952	1 萬 282	1 萬 5,259	4,977
洛克伍德	1954	1955	多種價位	多種價位	1 萬 3,000
登普斯特機械	1956	1963	99 萬 9,600	330 萬	230 萬
桑伯恩地圖	1958	1960	約 100 萬	交換一批股票	報酬約 50%
波克夏海瑟威	1962	—	每股 14.86	目前每股 24 萬 5,000	數 10 億
美國運通	1964	1968	1,300 萬	3,300 萬	2,000 萬
迪士尼	1966	1967	400 萬	620 萬	220 萬
霍奇查爾德柯恩	1966	1969	480 萬	400 萬	虧損 80 萬
國家保障	1967	—	860 萬	—	數 10 億
聯合棉花	1967	—	600 萬	1970 年代併入波克夏	不明

表格內的資訊，大多來自每章開頭的交易概況表，按買進日期排序。

交易	日期（年）		價值（美元）		獲利（美元）
	買進	賣出	買進	賣出	
藍籌印花	1968	—	300 萬～400 萬	現為波克夏的一部分	數億
伊利諾國家銀行	1969	1980	1,550 萬	1,750 萬	超過 3,200 萬（含股息）
奧馬哈太陽報	1969	1980	125 萬	不明	不明，但虧損
時思糖果	1972	—	2,500 萬	現為波克夏的一部分	超過 20 億
華盛頓郵報	1974	—	1,060 萬	用股權交換一批公司	數億
魏斯可金融	1974	—	3,000 萬～4,000 萬	現為波克夏的一部分	超過 20 億

註：1. 表格內的數字是既有最正確的。在某些個案，必須依據一系列來源的資訊進行估算；2. 若出售日期標示為「—」，大多數情況代表巴菲特並未出售該公司，至今仍由波克夏海瑟威持有；3. 價值欄的金額，是每件交易買賣的絕對值

國家圖書館出版品預行編目資料

巴菲特的第一桶金：少年股神快速致富的22筆投資 /葛倫‧雅諾德
（Glen Arnold）著；蕭美惠譯. -- 一版. -- 臺北市：Smart智富文化,
城邦文化, 2018.05
　　面；　公分
譯自：The Deals of Warren Buffett: Volume 1, The First 100 million
ISBN 978-986-95890-8-6（平裝）

1.投資學

563.5　　　　　　　　　　　　　　　　107006157

Smart 智富

巴菲特的第一桶金：少年股神快速致富的22筆投資

作者	葛倫‧雅諾德（Glen Arnold）
譯者	蕭美惠
商周集團	
榮譽發行人	金惟純
執行長	王文靜
Smart 智富	
社長	朱紀中
總編輯	林正峰
資深主編	楊巧鈴
編輯	李曉怡、林易柔、邱慧真、胡定豪、施茵曼
	連宜玫、陳庭瑋、劉鈺雯
協力編輯	陳春賢
資深主任設計	張麗珍
封面設計	廖洲文
版面構成	林美玲、廖彥嘉
出版	Smart 智富
地址	104 台北市中山區民生東路二段 141 號 4 樓
網站	smart.businessweekly.com.tw
客戶服務專線	（02）2510-8888
客戶服務傳真	（02）2503-5868
發行	英屬蓋曼群島商家庭傳媒股份有限公司城邦分公司
製版印刷	科樂印刷事業股份有限公司
初版一刷	2018 年 5 月
ISBN	978-986-95890-8-6

First published in Great Britain in 2017

Copyright © Glen Arnold

Originally published in the UK by Harriman House Ltd in 2017, www.harriman-house.com.

Complex Chinese language edition published in arrangement with Harriman House Ltd.,
through The Artemis Agency.

 讀者服務卡

2BF008
《巴菲特的第一桶金：少年股神快速致富的22筆投資》

為了提供您更優質的服務，《Smart智富》會不定期提供您最新的出版訊息、優惠通知及活動消息。請您提起筆來，馬上填寫本回函！填寫完畢後，免貼郵票，請直接寄回本公司或傳真回覆。Smart傳真專線：（02）2500-1956

1. 您若同意 Smart 智富透過電子郵件，提供最新的活動訊息與出版品介紹，請留下電子郵件信箱：

2. 您購買本書的地點為：☐ 超商，例：7-11、全家
　　　　　　　　　　　☐ 連鎖書店，例：金石堂、誠品
　　　　　　　　　　　☐ 網路書店，例：博客來、金石堂網路書店
　　　　　　　　　　　☐ 量販店，例：家樂福、大潤發、愛買
　　　　　　　　　　　☐ 一般書店

3. 您最常閱讀 Smart 智富哪一種出版品？
　☐ Smart 智富月刊（每月 1 日出刊）　　☐ Smart 叢書　☐ Smart DVD

4. 您有參加過 Smart 智富的實體活動課程嗎？　☐ 有參加　　☐ 沒興趣　　☐ 考慮中
　或對課程活動有任何建議或需要改進事宜：

5. 您希望加強對何種投資理財工具做更深入的了解？
　☐ 現股交易　☐ 當沖　☐ 期貨　☐ 權證　☐ 選擇權　　☐ 房地產
　☐ 海外基金　☐ 國內基金　☐ 其他：

6. 對本書內容、編排或其他產品、活動，有需要改善的事項，歡迎告訴我們，如希望 Smart 提供其他新的服務，也請讓我們知道：

您的基本資料：（請詳細填寫下列基本資料，本刊對個人資料均予保密，謝謝）

姓名：　　　　　　　　　　　性別：☐ 男 ☐ 女

出生年份：　　　　　　　　　聯絡電話：

通訊地址：

從事產業：☐ 軍人　☐ 公教　☐ 農業　☐ 傳產業　☐ 科技業　☐ 服務業　☐ 自營商　☐ 家管

您也可以掃描右方 QR Code、回傳電子表單，提供您寶貴的意見。

想知道 Smart 智富各項課程最新消息，快加入 Smart 課程好學 Line@。

104 台北市民生東路 2 段 141 號 4 樓

行銷部 收

●請沿著虛線對摺，謝謝。

書號：2BF008
書名：《巴菲特的第一桶金：少年股神快速致富的22筆投資》